WOLFGANG KARB

UHRKRAFT

UNIVERSUM ZEIT UND ZUKUNFT

VERLAG MARKUS KAMINSKI

Woher kommt und wohin geht die Welt? Was hält das Universum zusammen? Wo ist Gott? Gibt es Nichts? Im Sprachgebrauch großer Wissenschaftler verwischen die Grenzen von Physik, Metaphysik und Religion. An die Stelle objektivierbarer Empirie treten zunehmend Verkündigungen ex cathedra. Sind überhaupt noch Antworten zu erwarten auf die Frage ›was die Welt im Innersten zusammenhält?‹ Oder steckt die Physik schon längst in der Sackgasse eines ›theoretischen Monismus‹? *(Paul Feyerabend)*

In einem Dialog voller Esprit ringen hier zwei Protagonisten auf Seiten der Physik und der Philosophie um letzte Antworten auf große Fragen. Als Zeugen treten die großen Physiker und Philosophen auf, deren Theorien und Entdeckungen Karb in leicht verständlicher Form rekapituliert und miteinander in Bezug setzt. Karb wirbt für eine pragmatische und verantwortungsvolle Ethik in den Wissenschaften. Stets innerhalb der großen Theorien selbst, argumentiert Karb, daß zwar die theoretische Physik nicht am Ende sei, daß es aber ein Ende haben müsse mit immer neuen milliardenschweren Collider-Anlagen, die allein der Hybris von Wissenschaftlern dienen, deren Scheitern längst offenbar ist.

Wolfgang Karb, Jahrgang 1948, studierte Philosophie, Deutsche Literatur, Theologie und Soziologie in Frankfurt am Main und promovierte zum Doktor der Philosophie. Er unterrichtete viele Jahre Wissenschaftskunde und Ethik, bevor er im Jahr 2000 seine Praxis für Gesprächskultur und lebensbegleitende Philosophie gründete. Karb ist Mitglied in WISSEN UND VERANTWORTUNG, dem Verein der CARL-FRIEDRICH VON WEIZSÄCKER STIFTUNG.

WOLFGANG KARB

URKRAFT
UNIVERSUM ZEIT UND ZUKUNFT

VERLAG MARKUS KAMINSKI

Wolfgang Karb:
Uhrkraft.
Universum Zeit und Zukunft.
Deutsche Erstausgabe, 2005.
Verlag Markus Kaminski, Berlin.
ISBN 3-938204-22-2

Lektorat: Verlag.
Einband: Verlag.
Abbildung: John Davis.
Seria Regular: Martin Majoor.
City of Font: Benn Coifman.
Scribble: Anke Arnold.

markuskaminski.de
wolfgang-karb.de

Zum Bucheinband: Die Formel $h = 6,626 \times 10^{-34}$ Js ist eine Formulierung des so genannten Planck'schen Wirkungsquantums. Insbesondere mikroskopische Objekte wie Elementarteilchen haben physikalische Eigenschaften, die erkennbar nicht jeden beliebigen kontinuierlichen Wert annehmen können, sondern nur bestimmte diskrete Werte. Die ›Sprünge‹ bzw. ›Größenordnungen‹ dieser diskreten Werte können mit dem Planckschen Wirkungsquantum berechnet werden.

Die Sonnenuhr ist im Gegensatz zur mechanischen Uhr nicht mit ihrem Zeitgeber verbunden. Die Sonne als Zeitgeber bewegt sich auch ohne die messende Sonnenuhr durch Raum und Zeit. Die Sonnenuhr ist somit ein Sinnbild für die Sonne, als der für absolut gehaltenen Idee des Guten (Platon). Die mechanische Uhr hingegen ist nicht eigentlich ein Meßgerät. Sie selbst ist äußeren Einflüssen unterworfen, die ihre Anzeige manipulieren. Sie mißt nicht die Zeit, sondern ein konstruiertes Äquvalent.

INHALT

VORWORT 11

DAS WIEDERSEHEN 15

DER RIESE MIT DER MEDAILLE *oder*
DIE RELATIVITÄT DER REALEN ZEIT 21

DER WÜRFELNDE ZWERG *oder*
DIE SPRINGENDEN QUANTEN 49

DER ABSTURZ *oder*
DAS BAND VON MÖBIUS 91

FREUNDE *oder*
METÀ TÀ PHYSIKÀ 141

AUSKLANG 219

LITERATURVERZEICHNIS 223

VORWORT

Nicht von ungefähr beginnt das Alte Testament mit dem Schöpfungsbericht. Die Frage nach dem Woher und Wozu von Mensch und Welt beschäftigt die Menschen seit vordenklichen Zeiten. Dies hat sich bis heute kaum geändert, Bücher über Kosmologie finden auch in unseren Tagen noch oft viele Leser. Während man früher Schöpfungsmythen erzählte, wird die Kosmologie in unserer aufgeklärten Zeit als ein Teil der Wissenschaft aufgefaßt. Für ihre Popularisierung versucht man, die Strukturen schwieriger mathematischer Theorien auf eine möglichst einfache Weise darzustellen.

Während bei der Schilderung der Schöpfungsmythen sicherlich bei den Verfassern und wohl auch bei den meisten der Hörer das Bewußtsein ihres gleichnishaften, allegorischen Charakters gegenwärtig ist, wird dieser Aspekt durch den wissenschaftlichen Hintergrund der modernen Kosmologien meist vollkommen verdeckt. Dies hat bei der Mehrzahl der Leser durchaus die Wirkung, den auch hier ebenfalls vorhandenen Gleichnischarakter zu übersehen.

Ein Buch über Kosmologie, das in den letzten Jahren einen besonders großen Erfolg erzielen konnte, ist die KURZE GESCHICHTE

DER ZEIT. Einer der bedeutendsten unter den Relativitätstheoretikern und Quantenkosmologen, Stephen Hawking, ist der Autor dieses fesselnden Buches. Dieser aus Großbritannien stammende mathematische Physiker, der den Lehrstuhl Isaak Newtons innehat, wurde nicht nur durch seine großen wissenschaftlichen Leistungen, sondern auch durch seine mit bewundernswerter Größe ertragene Muskelkrankheit weithin bekannt.

Während es für einen Physiker selbstverständlich ist, die Frage nach den mathematischen und physikalischen Gültigkeitsgrenzen seiner Theorie zu bedenken, liegen ihm hingegen die Fragen nach den übrigen Voraussetzungen seiner Hypothesen wesentlich ferner. Dies ist—auch auf Grund seiner Ausbildung—eher eine den Philosophen beschäftigende Problematik. Wolfgang Karb, Philosoph mit sehr starken naturwissenschaftlichen Interessen, hat sich der Mühe unterzogen, diesen Aspekten nachzuspüren, die in der KURZEN GESCHICHTE DER ZEIT zu kurz gekommen sind.

Karb kleidet seine philosophischen und psychologischen Fragen in die sehr lesbare Form eines Gespräches. Spannend und ohne erhobenen Zeigefinger wird der Leser verführt, über einiges selbst neu nachzudenken, was ihm bisher möglicherweise nicht als bedenkenswert erschienen war, da »die Wissenschaft« hierzu bereits das Nötige gesagt habe.

Prof. Dr. Thomas Görnitz

Ein Hase sitzt auf einer Wiese,
Des Glaubens, niemand sähe diese.
Doch, im Besitze eines Zeißes,
Betrachtet voll gehaltnen Fleißes
Vom vis-à-vis gelegnen Berg
Ein Mensch den kleinen Löffelzwerg.
Ihn aber blickt hinwiederum
Ein Gott von fern an, mild und stumm.

CHRISTIAN MORGENSTERN

Und den Gott?
Wer sieht denn den?
Ei, er sich selbst
Beim Kreisrund-dreh'n!

WOLFGANG KARB

DAS WIEDERSEHEN

Daniel Albertson wachte mit einem Gefühl der Beklommenheit auf—früher als gewöhnlich. Seit einigen Nächten schlief er unruhig.
Er erinnerte sich an einen Traum, den er kurz vor dem Aufwachen hatte. Als mathematisch denkender Professor für theoretische Physik schenkte er seinen Träumen bisher wenig Beachtung, zumal er auch nur selten das Gefühl hatte, überhaupt geträumt zu haben. Seine letzte intensive Traumphase, an die er sich erinnern konnte, lag schon viele Jahre zurück. Damals im Krankenhaus, in dem von den Ärzten die Diagnose ALS (amyotrophe Lateralsklerose) gestellt wurde, hatte er einige sehr eindringliche und beunruhigende Träume erlebt. In einem dieser Träume sollte er hingerichtet werden, in einem anderen Traum, der sich mehrfach wiederholt hatte, opferte er sein Leben, um andere zu retten. ›Träume sind Schäume‹, war seine Maxime. Das Ideal mathematisch-naturwissenschaftlicher Exaktheit ließ keinen Raum für mehrdeutige Symbole und diffuse Gefühle. An diesem Morgen war es anders. Nicht nur, daß seine Erinnerung erstaunlich klar war; er spürte auch, daß dieser Traum etwas mit seinem Arbeitsprojekt zu tun haben könnte, und war hinsichtlich seiner bisherigen Maxime

verunsichert. Er nahm sich vor, diesen Traum seinem alten Freund Paul Brak zu erzählen, der ihn am späten Vormittag besuchen wollte. Über zehn Jahre hatten sie sich nicht gesehen. Vor ein paar Tagen hatte Brak angerufen und ein Treffen vorgeschlagen. Sie hatten bis zur Universitätsreife dieselbe Klasse besucht, danach trennten sich ihre Wege: Albertson studierte ab 1959 Physik am University College in Oxford, Brak ging nach Cambridge und begann ein Studium der Philosophie und Psychologie. In den ersten Studienjahren trafen sie sich noch in unregelmäßigen Abständen zwei- bis dreimal im Jahr, dann wurden die Abstände größer, schließlich blieb es bei gelegentlichen Telefongesprächen. Albertson dachte gern an diese Freundschaft aus Schüler- und Studentenjahren zurück, da er mit Brak nicht nur über theoretische Probleme anregend kontrovers diskutieren konnte; ihre Beziehung hatte auch jederzeit genügend Raum für Gespräche über persönliche Konflikte und Krisen, die junge Männer nun einmal durchleben müssen. Er war ein wenig gespannt auf die Begegnung mit Brak, der angedeutet hatte, mit ihm über einige Themen aus seinen Büchern sprechen zu wollen. Obwohl Albertson zur Philosophie ein sehr distanziertes Verhältnis hatte und von Psychologie gar nichts hielt, freute er sich auf das Wiedersehen nach so vielen Jahren. Trotz seines neuen Sprachcomputers, mit dessen Hilfe ›normale‹ Gespräche wieder möglich waren, gab es neben seiner Frau nur wenige Menschen, mit denen er über so etwas Intimes wie einen Traum hätte reden können. Brak gehörte zu diesen. Albertson war sich allerdings nicht sicher, ob sich der freundschaftliche Gesprächsfaden nach all den Jahren wieder aufnehmen ließ.
Als Brak gegen elf Uhr Albertsons Arbeitszimmer betrat, ging er freudestrahlend auf seinen Freund zu, der im Rollstuhl saß, streichelte ihm mit der rechten Hand über den leicht zur Seite geneig-

ten Kopf und sagte: »Hallo Daniel! Es wird höchste Zeit, daß wir uns endlich einmal wiedersehen, ich freue mich sehr!« Dabei legte er ein kleines Päckchen in Albertsons Hände und umarmte ihn.
»Guten Tag, Paul,« sagte Daniel, »ich bin sehr froh, daß du mich nicht vergessen hast, alter Junge,« und lachte.
Brak half ihm beim Auspacken des Geschenks, es war eine CD mit alten Beatles-Songs aus den sechziger und siebziger Jahren.
»Ist da auch PLEASE, PLEASE ME darauf?« fragte Albertson und freute sich wie ein kleines Kind, als er das Lied entdeckte.
»Natürlich,« antwortete Brak. »Ich kenne doch deinen Geschmack!«
Er setzte sich Albertson gegenüber in einen bequemen Sessel, der Butler brachte eine Kanne Tee und Gebäck, und sie erzählten sich zunächst die wichtigsten biographischen Ereignisse der vergangenen Jahre.
Albertson sprach vor allem über den Verlauf seiner Krankheit und die Trennung von seiner Frau und den Kindern, die er nur selten sah.
Brak erzählte unter anderem, wie er seine jetzige Frau kennen gelernt hatte und welche Probleme sein Beruf als Philosophie-Dozent an einem College in der Nähe von London mit sich brachte.
Im langen Zeitraum seit ihrer letzten Begegnung war keinerlei Entfremdung zwischen ihnen eingetreten, sie hatten das Gefühl, sich erst vor kurzem das letzte Mal getroffen zu haben. So dauerte es nicht lange, bis beide zur Sache kamen.
Brak hatte Albertson schon während der Begrüßung zum großen Erfolg seiner populärwissenschaftlichen Physikbücher gratuliert und wollte wissen, ob Albertson inzwischen seinem ehrgeizigen Ziel, der ›Großen Vereinheitlichten Theorie‹, der ›Theorie für Alles‹, ein Stück nähergekommen sei. Albertson relativierte jedoch

zunächst seinen Erfolg. »Weißt du,« meinte er, »es gibt mindestens drei Arten von Büchern: 1. gekaufte Bücher, 2. gelesene Bücher, 3. gelesene und verstandene Bücher. Aber zumindest haben meine Leser die Vorstellung gewinnen können, daß unser Universum von rationalen Gesetzen bestimmt wird, die wir entdecken und verstehen können.«

»In der Öffentlichkeit wurde der Eindruck erweckt, du wärest schon ganz nahe am ersehnten Ziel deiner theoretischen Arbeit,« sagte Brak.

»Vor den Kulissen sieht es immer anders aus als dahinter,« erwiderte Albertson und grinste: »Zu oft schon haben wir Physiker, getäuscht von allzu großer Zuversicht, Heureka gerufen! Dennoch habe ich Grund zu vorsichtigem Optimismus. Wir stehen vielleicht wirklich kurz vor dem Abschluß der Suche nach den letzten Gesetzen der Natur. Manchmal quält mich allerdings der Gedanke, vielleicht doch nur einem Phantom hinterher zu jagen.«

»Von Physik verstehe ich leider nicht viel,« sagte Brak, »du weißt ja, daß ich nur ein armer Geisteswissenschaftler bin.«

»Wissenschaft, das ist entweder Physik oder Briefmarkensammeln,« zitierte Albertson Ernest Rutherford und blickte Brak herausfordernd an.

»Nicht einmal zu letzterem tauge ich,« meinte dieser, »dazu fehlt mir die Geduld. Aber du könntest trotzdem den Versuch machen, mir zu erklären, was dein Ziel überhaupt ist.«

»Hast du etwa meine Bücher nicht gelesen?« fragte Albertson und versuchte, möglichst streng zu wirken.

»Doch, natürlich,« erwiderte Brak lächelnd, »aber ich gehöre zu den Lesern, die nicht viel verstanden haben—und die, was noch schlimmer ist, dies auch noch zugeben.«

Albertson zögerte eine Weile. Er hatte eigentlich keine Lust, mit einem Geisteswissenschaftler über seine Arbeit zu sprechen. Die

Philosophen waren ihm meist mathematisch zu inkompetent, um die modernen Entwicklungen in der theoretischen Physik verfolgen zu können. Außerdem waren einige von ihnen nicht gerade freundlich zu ihm gewesen und hatten ihn als Nominalisten, Instrumentalisten, Positivisten, Realisten und als noch manch anderen ›Isten‹ etikettiert.

Brak kannte die Meinung seines Freundes über Philosophie natürlich aus früheren Gesprächen und schien seine Gedanken zu erraten.

»Verachte mir die Philosophie nicht zu sehr, Daniel,« sagte er, »du weißt, was dein berühmter Kollege Albert Einstein von ihr gesagt hat: Die Philosophie gleiche einer Mutter, die alle übrigen Wissenschaften geboren und ausgestattet habe; man dürfe sie in ihrer Nacktheit und Armut daher nicht gering schätzen, sondern müsse hoffen, daß etwas von ihrem Don-Quichotte-Ideal auch in ihren Kindern lebendig bleibe, damit sie nicht in Banausentum verkomme.«

»Also gut,« sagte Albertson, »ich schlage dir ein Tauschgeschäft vor: Du hilfst mir, meinen seltsamen Traum der letzten Nacht zu verstehen, und ich erkläre dir dafür, woran ich arbeite.«

»Du träumst?« tat Brak erstaunt und ließ sich sofort auf den Vorschlag seines Freundes ein.

DER RIESE MIT DER MEDAILLE

oder

DIE RELATIVITÄT DER REALEN ZEIT

»Wie du von früher weißt, Paul, ist mir die Psychologie immer suspekt gewesen.
Die Behavioristen verstehen von der menschlichen Psyche gar nichts, ihre größten Erfolge haben sie wohl in der Tierdressur. Die Tiefenpsychologen entwerten sich durch die Relativität ihrer Deutungen selbst.
Für Freudianer sind die Bilder des Traumes überwiegend Sexualsymbole, der Traum ist die entstellte Erfüllung eines verdrängten Wunsches und soll angeblich die Fortsetzung des Schlafs ermöglichen.
Jungianer dagegen lehnen nicht nur Freuds Methode der kausalen Reduktion ab, sie erweitern auch noch das Konzept des persönlichen Unbewußten durch die Hypothese vom kollektiven Unbewußten, das Archetypen enthalten soll. Dabei machen sie den Traum zu einer Art fein abgestimmter Kompensation für Einseitigkeiten und Irrtümer des bewußten Standpunktes. Adlerianer neigen dazu, den Minderwertigkeitskomplex des Menschen zum

archimedischen Punkt der Psychologie zu machen, von weiteren Traumtheorien ganz zu schweigen. Mir kommt das nicht traumhaft, sondern eher traumatisierend vor. Zu welchem Lager gehörst du eigentlich, Paul? Hast du nicht schon in deiner Studienzeit mit der Psychoanalyse sympathisiert?«

»Also, zunächst einmal bin ich begeistert, wie sicher du dich in dem von dir so verachteten Gelände bewegst,« sagte Brak. »Mir scheint es bei euch Physikern aber auch nicht immer so eindeutig und frei von Relativität zuzugehen. Aber ich kann dich beruhigen: Ich gehöre keiner Psychosekte an, bin weder Freudianer, Jungianer, Adlerianer noch Indianer—sondern einfach Paul Brak.«

Albertson lachte: »Was die Relativität bei uns Physikern betrifft, gehörst du doch wohl nicht zu jener Sorte von Zeitgenossen, die aus Einsteins Relativitätstheorie den Unsinn ableiten, alles sei relativ. Wenn nämlich alles relativ wäre, gäbe es nichts, wozu es relativ sein könnte. Einstein bemühte sich gerade, alles Relative auszuschließen und zu einer Formulierung der physikalischen Gesetze zu gelangen, die in keiner Weise von den Verhältnissen des Beobachters abhängt. Er wollte seine Theorie ursprünglich sogar einmal Absolutheitstheorie nennen. Aber darauf können wir ja später noch einmal zurückkommen.

Jedenfalls bin ich froh, daß du dir deinen eigenständigen Kopf bewahrt hast und dich nicht einfach mit vorgegebenen Theorien identifizierst. Sonst hätte ich auch gar kein Interesse daran, meinen Traum zu erzählen, der mir ganz schön im Magen—ach was!—auf der Seele natürlich!—liegt, falls es überhaupt eine solche gibt.«

»Mein lieber Daniel, die Unterschiede zwischen Physik und Psychologie sind vielleicht nicht so groß, wie du sie zu sehen scheinst. Ich erinnere nur an die Beziehung zwischen Wolfgang Pauli, einem nicht unbedeutenden Vertreter deiner Zunft, und Carl Gustav

Jung, die fruchtbare Dialoge führten. Und nicht zuletzt dein Kollege Einstein hat gewußt, daß alles, was von den Menschen getan und erdacht wird, der Befriedigung gefühlter Bedürfnisse sowie der Stillung von Schmerzen gilt: Fühlen und Sehnen seien der Motor allen menschlichen Strebens und Erzeugens. Er war in seinem Urteil über die Psychologie zurückhaltender als du.«

Es machte beiden großen Spaß, sich gegenseitig zu provozieren und sich im intellektuellen Pingpongspiel die Bälle um die Ohren zu schlagen. Darin knüpften sie nahtlos an ihre freundschaftlichen Streitgespräche aus früheren Zeiten an.

Brak war überrascht, daß Albertson ihm einen Traum erzählen wollte. »Du hast Träumen früher nie eine Bedeutung beigemessen,« sagte er, »was ist bloß in dich gefahren?«

»Höre dir erst einmal meine Geschichte an,« antwortete Albertson. »Irgend etwas darin macht mir sehr zu schaffen: Ich saß nachts auf einer Wiese, die auf der einen Seite von einem Wald, auf der anderen Seite von einem kleinen See begrenzt war. Der Vollmond tauchte die Szene in gelbliches Licht, ein kleines Feuer spendete zusätzlich Licht und Wärme. Plötzlich hörte ich das Knacken von Ästen im Wald, und als ich aufsah, trat ein riesiger Mann, der zwei- bis dreimal so groß wie ich bin, auf die Wiese. Er hatte einen Koffer in der Hand, vielleicht einen Werkzeugkoffer, vielleicht einen Arztkoffer, und kam wortlos auf mich zu. Er stellte diesen auf den Boden, im unruhig flackernden Schein des Feuers öffnete er ihn und holte so etwas wie eine Medaille heraus. Sie hatte Ähnlichkeit mit jenen Medaillen, die Sportlern bei Olympischen Spielen verliehen werden, es war aber kein Band daran. Der Riese schien nichts Böses mit mir vorzuhaben und legte die Medaille vor meine Füße. Dann holte er eine Art Handbohrer aus seinem Koffer und befahl mir freundlich, ein Loch in die Medaille zu bohren, wohl um eine goldene Kette hindurchzuziehen, die er

neben die Medaille legte. Ich setzte den Bohrer auf die Medaille, rutschte aber mehrmals ab. Die Vorderseite der Medaille glänzte golden, der kleine Buchstabe c war eingraviert. Die Rückseite schimmerte silbern, der kleine Buchstabe h stand darauf. Ich bemühte mich immer wieder, aber vergeblich—das Loch ließ sich auf keine Seite hineinbohren. Entweder war das Metall zu hart oder der Bohrer zu weich, vielleicht auch beides. Ich fluchte laut und wurde immer wütender, der Riese schaute wortlos zu. Nach einiger zeit schüttelte er den Kopf, packte Bohrer, Medaille und Kette wieder in den Koffer und ging mit einem breiten Grinsen auf den Waldrand zu und verschwand in der Dunkelheit.
Ich hörte noch das schwächer werdende Geräusch seiner Schritte, dann herrschte Totenstille. Das Feuer war niedergebrannt, in der Asche verglimmten die letzten Glutreste. Eine Wolke verdunkelte langsam den Mond, voller Unruhe wachte ich mit beschleunigtem Herzschlag auf. Was sagst du dazu, Paul?«
»Ich finde es erstaunlich, wie detailliert du den Traum in Erinnerung behalten hast. Was macht dir denn so zu schaffen an ihm?«
»Auch ich bin von der Klarheit meiner Erinnerung überrascht, das habe ich früher nur selten erlebt. Meine Träume waren für mich, wenn ich überhaupt welche hatte, eine Art Hausputz des Gehirns ohne Bedeutung. Natürlich hätte ich mir gerne die Medaille umgehängt und war wütend und enttäuscht. Was mich aber am meisten beschäftigt, sind die beiden Buchstaben auf der Medaille. Was bedeuten c und h, vorausgesetzt, die ganze Geschichte hat überhaupt eine Bedeutung?«
Brak zögerte eine Weile.
»Wenn ich Freudianer wäre, würde ich vielleicht in dem Größenverhältnis zwischen dir und dem Riesen die Proportion zwischen Kind und Vater vermuten, der mißlungene Bohrversuch könnte möglicherweise auf der latenten Ebene einen mißglückten Penet-

rationsversuch bedeuten. Das h könnte der entstellte Anfangsbuchstabe deines Nachnamens und das c der Anfangsbuchstabe des Vor- oder Nachnamens einer Frau sein, die in deinem Leben eine Rolle spielt oder spielte. Das erlöschende Feuer hätte vielleicht etwas mit schwächer werdender Libido zu tun, und nachdem die Wolke den Mond verdunkelt hat, ist es aus. Wie gefällt dir das, Daniel?«

»Quatsch!,« sagte dieser entschieden, »und komme mir bloß nicht mit dem alten Psychologentrick, meine spontane Ablehnung als Beweis für die Richtigkeit deines Deutungsversuchs zu sehen. Glaubst du etwa selbst daran? Im übrigen gibt und gab es nie eine Frau in meinem Leben, bei der man das c als Initiale unterbringen könnte.«

»Rege dich nicht auf, Daniel, ich sagte doch schon, daß ich kein Freudianer bin, zumal es inzwischen auch eine Transpersonale Psychologie gibt, die noch andere seelische Landschaften erforscht als die Tiefenpsychologie. Vielleicht finden wir jenseits meiner dürftigen Vermutung einen anderen Weg. Der Talmud sagt, daß ein ungedeuteter Traum einem ungelesenen Brief gleiche. Nimm deinen Traum einfach als eine wichtige Mitteilung von dir selbst an dich selbst. Möglicherweise gelingt uns eine Übersetzung der Symbolsprache dieses Briefes, wenn wir eine Verbindung zu Problemen deines Wach-Ich erkennen können. Sage einmal, kommen bei euch Physikern nicht auch Riesen vor?«

»Das haben wir nun davon,« antwortete Albertson amüsiert, »daß wir Märchenfiguren zur Bezeichnung astronomischer Systeme verwenden. In der Tat, unsere Sonne wird sich nach dem Verbrauch ihres Kernbrennstoffs in ca. fünf Milliarden Jahren aufblähen, bis sie ein sogenannter Roter Riese geworden ist, und die Erde und alle anderen Planeten verschlingen. Anschließend wird sie zu einem Weißen Zwerg schrumpfen.

Aber was hat das mit meinem Traum zu tun?«
»Ich weiß es noch weniger als du, Daniel, und versuche ja nur, mich fragend heranzutasten. Vielleicht gelingt es uns gemeinsam, das Rätsel zu lösen. Ich bin überzeugt davon, daß es eine Lösung gibt. Hat dich der enorme Verkaufserfolg deiner Bücher verändert?«
»Ja, ich glaube jetzt noch mehr als früher, daß mir eines Tages der Durchbruch zu einer vollständigen Theorie des Universums gelingen wird. Dann wären wir Menschen wirklich die Meister des Universums. Mit Hilfe einer solchen Theorie könnten wir uns alle—Naturwissenschaftler, Philosophen und Laien—mit der Frage auseinandersetzen, warum es das Universum und uns gibt. Die Antwort auf diese Frage wäre der endgültige Triumph der menschlichen Vernunft, denn dann würden wir den Plan Gottes kennen.«
»Dir würde diese Theorie wohl so nebenbei den Nobelpreis für Physik bescheren, und du könntest mit Recht sagen: ›Ich bin der Größte.‹ Ich glaube fast, daß du der Riese in deinem Traum selbst bist.«
»Leider hat die Sache einen Schönheitsfehler, Paul. Selbst wenn die Medaille den Nobelpreis symbolisierte, die Preisverleihung mißlingt doch eindrucksvoll.«
»Weil du es nicht geschafft hast, das Loch für die Kette durchzubohren. Wir müssen herausfinden, was es mit den beiden Buchstaben auf sich hat. Haben die vielleicht etwas mit deinem ehrgeizigen Projekt zu tun?«
Albertson dachte längere Zeit nach.
»Also, woran ich arbeite, das ist die einheitliche Quantentheorie der Gravitation. Sie wäre die Verbindung der zwei fundamentalen Teiltheorien der Physik des 20. Jahrhunderts, nämlich von Einsteins allgemeiner Relativitätstheorie, die eine Theorie des außer-

ordentlich Großen ist, und der Quantenmechanik, welche ins außerordentlich Kleine vordringt. Mensch, Paul!« sagte er plötzlich aufgeregt, »mir kommt eine Idee. In der Grundformel der Relativitätstheorie steht der Buchstabe c für eine Naturkonstante, nämlich die Konstanz der Lichtgeschwindigkeit im Vakuum:

$$\mathcal{E} = m \times c^2.$$

Diese Formel behauptet die Gleichheit von Masse und Energie. Masse ist aufgespeicherte Energie. Wenn die Materie sich ihrer Masse entkleidet und mit Lichtgeschwindigkeit bewegt, nennen wir sie Strahlung und Energie. Masse und Energie sind verschiedene Formen der gleichen Substanz ›Masse-Energie‹. Selbst das allerkleinste Materieteilchen enthält eine ungeheuer große Menge konzentrierter Energie.«

»Spätestens nach der Zündung der ersten Atombombe ist diese Formel keine mathematische Abstraktion mehr,« sagte Brak: »Wo wir schon einmal dabei sind, Daniel, warum ist die Verbindung von Relativitätstheorie und Quantenmechanik überhaupt notwendig? Und angenommen, diese literarisch und populärwissenschaftlich als Weltformel bezeichnete Theorie wäre möglich, was wäre damit außer dem Nobelpreis für dich gewonnen?«

»Während Einstein in seiner relativistischen Kosmologie noch von einem endlichen, aber unbegrenzten, statischen Universum ausging, das sich in Ruhe befindet, konnte der amerikanische Astronom Edwin Hubble Ende der zwanziger Jahre des 20. Jahrhunderts durch die Analyse der Lichtspektren von Sternen zeigen, daß sich das Universum ausdehnt. Die Beobachtung ferner Galaxien zeigt, daß sie sich von uns entfernen. Daraus folgt, daß sie in der Vergangenheit näher zusammengewesen sein müssen. Gab es einen Zeitpunkt, an dem alle Galaxien aufeinander saßen und das Universum von unendlicher Dichte war? Mit neuen mathematischen Verfahren haben ein Kollege und ich gezeigt, daß es in der Vergangenheit tatsächlich einen solchen Zustand gegeben haben muß, den wir Urknall-Singularität nennen. Diese gilt als Anfang unseres Universums. An einer Singularität verlieren aber alle bekannten wissenschaftlichen Gesetze ihre Gültigkeit. Diese Singularität war vor etwa 15 Milliarden Jahren der Beginn der Zeit und ein Punkt von unendlicher Dichte und unendlicher Krümmung der Raumzeit. Die allgemeine Relativitätstheorie kann uns nichts über den Anfang des Universums mitteilen, weil aus ihr folgt, daß alle physikalischen Theorien einschließlich ihrer selbst am Anfang des Universums versagen. In einem sehr frühen Stadium war das Universum so klein gewesen wie ein Punkt, so daß man die kleinräumigen Auswirkungen einbeziehen muß, mit der sich die Quantenmechanik als die andere große Teiltheorie des 20. Jahrhunderts befaßt. Da die Relativitätstheorie keine Angaben darüber machen kann, wie das Universum im Urknall beginnen könnte, ist sie keine vollständige Theorie. Sie braucht also eine Ergänzung, um zu bestimmen, wie das Universum begann.«

Brak stöhnte: »Höre auf damit, mir wird schwindelig. Ich ahne zwar etwas, aber um dich besser verstehen zu können, müßtest du mir doch wenigstens die Grundgedanken der Relativitätstheorie erklären. Zwar habe ich schon populärwissenschaftliche Einführungen darüber gelesen, aber viel verstanden habe ich nicht.«

»Die beste Einführung hat Einstein selbst geschrieben. Lies einmal ÜBER DIE SPEZIELLE UND DIE ALLGEMEINE RELATIVITÄTSTHEORIE, die Grundgedanken einer Philosophie holst du dir doch auch nicht beim Schmidtchen, sondern beim Schmidt!«

»Da hast du natürlich recht, Daniel, aber einem alten Freund könntest du doch den Einstieg erleichtern. Im Gespräch ist es nicht so mühsam wie in der intellektuellen Isolierklause.«

»Gut, weil du's bist, aber wir dürfen meinen Traum dabei nicht aus den Augen verlieren!« »Aber nein, deine Erklärung wird mir vielleicht helfen, dessen Sinn zu verstehen.«

»Bevor ich ein paar Anmerkungen zur Relativitätstheorie mache, will ich noch kurz auf deine andere Frage eingehen, was mit der sogenannten Weltformel gewonnen wäre.

Diese Theorie müßte ein schlüssiges mathematisches Modell sein, das alles im Universum beschreibt und vor allem die Frage beantworten, *wie* der Anfang des Universums, also die Urknall-Singularität, ausgesehen hat. Die allgemeine Relativitätstheorie kann nur die Aussage machen, daß das Universum einen Anfang gehabt haben muß. Durch die Verbindung von allgemeiner Relativitätstheorie und Quantenmechanik wird es möglich sein, auch den Anfang des Universums naturgesetzlich zu erklären. Bis vor kurzem glaubte man noch, am Anfang seien die Gesetze nicht gültig gewesen. Gott habe das ›Uhrwerk‹ aufgezogen und das Universum nach seinem Belieben in Gang gesetzt. Die von mir gesuchte Theorie dagegen beschreibt die Art und Weise, *wie* das Universum begonnen hat, mit Hilfe physikalischer Gesetze. Man müßte nicht mehr sagen, daß Gott das Universum auf irgendeine willkürliche Weise in Gang gesetzt hat, die wir nicht verstehen können.«

»Wird Gott dadurch überflüssig gemacht?«

»Meine Arbeit zeigt, daß man nicht behaupten muß, das Universum habe als eine persönliche Laune Gottes begonnen. Die Frage, warum sich das Universum die Mühe macht zu existieren, wird wissenschaftlich nicht geklärt. Die Wissenschaft kann wahrscheinlich die Frage nach dem *Wie* des Beginns des Universums beantworten, nicht aber die Frage nach dem *Warum*. Das ist so ähnlich wie bei einem Haus, wo wir Bauplan des Architekten und Statik rekonstruieren können, aber nicht wissen, warum es überhaupt gebaut wurde.

Meinetwegen kannst du Gott als die Antwort auf die Frage nach dem *Warum* des Universums definieren.«

»Wenn ich das richtig verstanden habe, willst du die Grenze zwischen Physik und Metaphysik so weit wie möglich hinausschieben, ohne die Metaphysik, die ja mit dem staunenden Fragen einsetzt, *warum* überhaupt Seiendes ist und nicht vielmehr Nichts, auf Physik reduzieren zu wollen?«

»Du hast mich richtig verstanden, Paul. Über die Frage, ob Gott existiert oder nicht, ist überhaupt nichts gesagt. Einstein hat einmal gefragt, wie viel Entscheidungsfreiheit Gott bei der Erschaffung des Universums hatte. Wenn meine Theorie zutrifft, hatte er bei der Wahl keinerlei Freiheit. Seine einzige Freiheit hätte darin bestanden, die Gesetze zu wählen, nach denen das Universum funktioniert. Dabei sind die Wahlmöglichkeiten vielleicht gar nicht so vielfältig gewesen. Möglicherweise gibt es nur eine einzige Vereinheitlichte Theorie, die auch die Existenz von so komplizierten Strukturen wie Menschen erklärt, welche die Gesetze des Universums erforschen und nach dem Wesen Gottes fragen können.«

»Damit unterscheidest du also klar zwischen der *Warum-* und der *Wie*-Frage?«

»Durch meine Konzeption der *imaginären Zeit,* in Verbindung mit der Erforschung der Schwarzen Löcher, versuche ich zu zeigen, daß es keine Singularität gibt, an der wissenschaftliche Gesetze ihre Gültigkeit verlieren. Das Universum hat dann keinen Rand, an dem man sich auf Gott berufen müßte. Es wurde weder erschaffen noch wird es zerstört, sondern wäre einfach da. Wenn das Universum wirklich völlig in sich selbst abgeschlossen ist, wo bleibt dann noch Raum für einen Schöpfer? Du machst ein Gesicht, als hättest du in eine Zitrone gebissen, Paul. Laß dich nicht verwirren, ich erkläre dir ein andermal, was ich damit meine. Zu-

nächst will ich die versprochenen Anmerkungen zu Einsteins Theorie machen, aber nur, wenn du ihn auch im Original liest!«
Brak seufzte und nickte resigniert. Von den letzten Gedanken seines Freundes hatte er so gut wie nichts verstanden. Was bedeutete imaginäre Zeit, was waren Schwarze Löcher, und was hatte das alles mit dem Urknall zu tun?
Albertson versuchte, die Schwäche seines Freundes auszunutzen und setzte nach: »Ach, übrigens, bevor ich zu Einstein komme, was hältst du eigentlich von Gott, du Sauertopf?«
Braks Zitronatgesicht änderte sich schlagartig.
»Nun höre einmal, Daniel, ich kann dir zwar sagen, was ich vom Politiker X, vom Fußballspieler Y und vom Waschmittel Z halte, aber in bezug auf den Namen, das Wort, den Begriff oder Grenzbegriff ›Gott‹, was immer auch kontextabhängig oder sprachphilosophisch hier zutreffen mag, kann man nicht so fragen, wie du das tust! Das ist schließlich keine Geschmacksfrage! Im übrigen sind unter Verwendung dieser vier Buchstaben schon so viele entsetzliche Dinge geschehen, und sie geschehen immer noch, daß es höchste Zeit wird, endlich Ludwig Wittgensteins sprachphilosophische Einsichten aus seinem TRACTATUS LOGICO-PHILOSOPHICUS zu beherzigen:
›Wir fühlen‹, heißt es dort, ›daß selbst, wenn alle *möglichen* wissenschaftlichen Fragen beantwortet sind, unsere Lebensprobleme noch gar nicht berührt sind‹. Freilich bleibe eben dann keine Frage mehr, und ebendies sei die Antwort. Die Lösung des Problems des Lebens merke man am Verschwinden dieses Problems. Es gebe allerdings Unaussprechliches, meinte Wittgenstein, den du ja, wie ich von früher weiß, sehr schätzt und der ebenfalls in Cambridge lehrte. Dies, das Mystische, *zeige* sich, und er beendet seine logisch-philosophische Abhandlung mit den berühmten Worten: ›Wovon man nicht sprechen kann, darüber muß man schweigen.‹«

Nun war es Albertson, dem es einen Moment lang die Sprache verschlug.

»Gut, dieser Punkt geht an dich, Paul. Aber wovon darf man denn nach Wittgenstein sprechen? Ist nicht auch die Sprache meines Traumes sinnlos?«

»In der Tat hat der frühe Wittgenstein die Grenze für sinnvolles Sprechen sehr eng gezogen. Was sich überhaupt sagen lasse, lasse sich klar sagen. Das sind letztlich nur Sätze der Naturwissenschaft, die empirisch überprüfbar sind. Diesem empiristischen Sinnkriterium, das Wittgenstein später aufgegeben hat, genügen weder die symbolische Traumsprache noch die philosophische Sprache seines TRACTATUS, was ihm natürlich bewußt war. Friede in den Gedanken sei das ersehnte Ziel dessen, der philosophiere, und er verglich die Sätze seines frühen sprachphilosophischen Werkes mit einer Leiter, die man wegwerfen müsse, nachdem man auf ihr hinaufgestiegen sei. Ich habe diesen Philosophen auch nur im Hinblick auf die leichtfertige Verwendung des Wortes Gott ins Spiel gebracht, weil er mit seiner Sprachkritik hier nach wie vor recht hat. Gespräche über dieses Thema führen stets ins Metaphysische, also ins *Leere*, wo sie auch am besten aufgehoben sind. Im übrigen denke ich, daß sowohl die Sprache der Träume als auch unsere Deutungsversuche sinnvoll sein können.«

»Das beruhigt mich aber,« sagte Albertson mit ironischem Unterton, »laß uns nun lieber physikalisch weiter sprechen. Auch ich sehne mich nach Frieden in den Gedanken, allerdings ist meine Leiter nicht die Sprachphilosophie, sondern der Versuch, die theoretische Physik zu ihrem Abschluß zu bringen.«

»Da bin ich aber sehr gespannt, ob du auf diesem Weg das Ziel erreichen wirst, und ob deine Leiter lang genug ist, um nach oben zu kommen,« erwiderte Brak.

»Das werden wir ja sehen. Isaak Newton, der große klassische Physiker, dessen Lehrstuhl ich übrigens seit 1979 innehabe, schrieb einmal, daß er nur deshalb ein wenig weiter als andere geblickt habe, weil er auf den Schultern von Riesen stand—oh je, schon wieder Riesen!

Auch Einstein stand auf den Schultern von Riesen, nämlich Newton und James Clerk Maxwell. Newtons Theorien bezogen sich auf mechanische Bewegungen mit kleinen Geschwindigkeiten, Maxwells Forschungen auf Wellenphänomene wie Schallwellen und elektromagnetische Wellen mit den höchsten bekannten Geschwindigkeiten. Beide Theorien sind in ihren jeweiligen Anwendungsbereichen gültig, lassen sich aber nicht widerspruchsfrei miteinander verbinden. In Newtons Mechanik wird die Zeit als etwas Absolutes aufgefaßt, was bedeutet, daß zwei Beobachter demselben Ereignis stets denselben Zeitpunkt zuordnen, unabhängig von Abstand und Geschwindigkeit, die sie relativ zueinander haben.

In der Vorstellung steckt die Annahme, daß sich beide Beobachter in jedem Moment über Signale verständigen können, die sich mit unendlicher Geschwindigkeit ausbreiten. Nach allen bisherigen Beobachtungen gibt es aber keine größere Geschwindigkeit als die Lichtgeschwindigkeit, die nach Maxwells Theorie einen endlichen, konstanten Wert hat. Wenn es tatsächlich in der Natur keine unendlichen Signalgeschwindigkeiten gibt, ist Newtons Mechanik in ihren Grundfesten erschüttert.«

Albertson sah am fragenden Gesichtsausdruck seines Freundes, daß dieser nicht viel verstanden hatte.

»Nur Mut, Paul, ich versuche es noch einmal andersherum. Frage bitte sofort nach, wenn dir etwas unklar ist, okay?«

Brak nickte skeptisch; der Kopf war willig, aber sein physikalischer Geist schwach.

»Stelle dir einen Zug vor, der mit 200 km/h an einem Bahndamm vorbeifährt. In Richtung des fahrenden Zuges rennt ein Fahrgast zum weit entfernten WC, der Zugführer ist von diesem Ereignis fasziniert und mißt mit seiner Stoppuhr eine Laufgeschwindigkeit von 20 km/h. Wie schnell bewegt sich der Fahrgast vom Bahndamm aus gemessen?«

Brak überlegte: »Das müßten 220 km/h sein.«

»Na also,« sagte Albertson ironisch, und Brak verzog erneut sein Gesicht.

»Jetzt stelle dir vor, der Zug A mit dem rennenden Fahrgast überholt einen auf dem Nachbargleis mit der Geschwindigkeit von 160 km/h fahrenden Zug B, in dem ein Physiker während des Überholvorganges die Geschwindigkeit des Fahrgastes in Zug A mißt. Was ergibt seine Messung?«

»60 km/h,« antwortete Brak nach kurzem Nachdenken.

»An dir ist ein Physiker verloren gegangen, Paul. Und jetzt noch die Probe aufs Exempel: Wenn der Fahrgast entgegen der Fahrtrichtung seines Zuges mit 20 km/h rennen würde, wie wäre seine Geschwindigkeit relativ zum Bahndamm?«

»180km/h,« sagte Brak.

»Bravo. Relativ zu verschiedenen Bezugssystemen gibt es unterschiedliche Meßergebnisse, und natürlich ist keines von diesen richtiger als die anderen. Diese Beispiele sind allerdings trivial und haben mit Einsteins Theorie noch gar nichts zu tun. Da es entgegen den Auffassungen der klassischen Physik, also der Theorien von Newton und Galilei, im Universum nichts gibt, was sich absolut in Ruhe befindet, da also Bewegung und Ruhe immer relativ zu irgend etwas anderem sind, gibt es also nur relative Ergebnisse, die für das jeweilige Bezugssystem gültig sind. Kein Bezugssystem ist vor einem anderen ausgezeichnet. Das Relativitätsprinzip der klassischen Physik, die bereits im Jahre 1899 durch Max Planck erschüttert wurde, besagt, daß für zwei Bezugssysteme, die sich in gleichförmiger, geradliniger und rotationsfreier Bewegung zueinander befinden, dieselben mechanischen Gesetze gelten.«

»Das ist in deinem Beispiel beim Bahndamm und den beiden Zügen der Fall,« warf Brak ein.

»So ist es, da gibt es keinerlei Beschleunigung. Und jetzt kommt die Diplomphysiker-Prüfungsfrage: Die Lichtgeschwindigkeit c wurde in einem Experiment von Michelson und Morley 1887 gemessen; sie ist, erstens, nicht absolut und beträgt ungefähr 300.000 km/sec im Vakuum, und ist, zweitens, unabhängig von der Bewegung der Lichtquelle und des Beobachters. Außerdem konnte kein Äther als Medium und absolutes Bezugssystem für die Lichtwellen nachgewiesen werden. Zu diesem Thema komme ich später noch. Jetzt mußt du erst einmal die Prüfungsfrage beantworten: In meinem Beispiel von eben fährt der Zug A jetzt durch einen Tunnel, der in Fahrtrichtung rennende Fahrgast hat eine berennende Taschenlampe in der Hand. Welche Geschwindigkeit hat das Taschenlampenlicht?«

»Also, der Zugführer müßte eine Geschwindigkeit von $c + 20$ km/h messen, vom Bahndamm oder vom Tunnel aus müßten es $c + 220$ km/h sein. Findet der Überholvorgang zwischen beiden Zügen A und B im Tunnel statt, wäre das Meßergebnis des Physikers die Geschwindigkeit von $c + 60$ km/h.«

Brak schaute seinen Freund erwartungsvoll an.

»Bei Galilei hättest du die Prüfung bestanden, bei Einstein wärest du durchgefallen. Nach seinem Relativitätsprinzip ist die Lichtgeschwindigkeit c von der Bewegung der Lichtquelle unabhängig, das heißt, c ist in allen sogenannten Inertialsystemen konstant — c ist die größtmögliche Geschwindigkeit im Universum, da ist keine Addition mehr möglich.«

»Ich ahne etwas,« sagte Brak, »aber erkläre mir bitte noch den Begriff Inertialsystem.«

»Ein Bezugssystem heißt Inertialsystem, wenn in ihm Galileis Trägheitsgesetz gilt: Ein sich selbst überlassener Körper, auf den keine äußeren Einflüsse wirken, bewegt sich geradlinig und gleichförmig. Das ist keineswegs selbstverständlich. Die Bahn eines sich selbst überlassenen Körpers in einem rotierenden Bezugssystem etwa ist keine Gerade! Mit Hilfe der Galilei-Transformation ist der Übergang von einem Inertialsystem in ein anderes möglich. Es gibt unendlich viele dieser Systeme, die einander gleichwertig sind und sich mit Hilfe mechanischer Experimente nicht voneinander unterscheiden. Sie nehmen eine absolute Zeit und ebenso einen absoluten Raum an, also ein absolut ruhendes Bezugssystem. Im 19. Jahrhundert setzten die Physiker ihre Hoffnungen auf den Weltäther als Bezugssystem. Er ruht und füllt das Universum gleichmäßig aus. In ihm schwingt die elektromagnetische Welle des Lichts. Da sich die Erde relativ zum Äther bewegt, muß die Messung der Lichtgeschwindigkeit c unterschiedliche Werte ergeben, je nachdem, ob man sie längs oder quer zur Bewegungsrichtung der Erde bestimmt. Das vorhin erwähnte Experiment von Michelson und Morley, das mit Hilfe des von Michelson erfundenen Interferometers durchgeführt wurde, war der Todesstoß für die Ätherhypothese und die Hoffnungen auf ein absolut ruhendes Bezugssystem.«

»Jetzt ahne ich, was du vorhin mit dem Widerspruch zwischen Newtons und Maxwells Theorien angedeutet hast. Wie hat denn nun Einstein dieses Problem der Unvereinbarkeit dieser beiden Theorien gelöst, die ja wohl für ihren Bereich jeweils gültig sind?«

»Das Dilemma bestand darin, daß man entweder das Relativitätsprinzip der klassischen Physik oder das einfache Gesetz der Fortpflanzung des Lichts im Vakuum aufgeben mußte. Hier setzt die

spezielle Relativitätstheorie von 1905 ein: Durch eine Analyse der physikalischen Begriffe von Raum und Zeit zeigte Einstein, daß in Wahrheit eine Unvereinbarkeit des klassischen Relativitätsprinzips mit dem Ausbreitungsgesetz des Lichts gar nicht vorhanden ist, daß man vielmehr durch systematisches Festhalten an diesen beiden Gesetzen zu einer logisch einwandfreien Theorie gelangt, nämlich der speziellen Relativitätstheorie. Allerdings muß hierbei die Annahme einer absoluten Zeit und eines absoluten Raumes geopfert werden.«
»Kannst du bitte kurz erklären, was die klassische Physik unter absoluter Zeit und absolutem Raum überhaupt verstanden hat?«
»Für Newton bleibt der absolute Raum vermöge seiner Natur ohne Beziehung auf einen äußeren Gegenstand stets gleich und unbeweglich. Die absolute Bewegung ist die Übertragung des Körpers von einem absoluten Ort nach einem anderen absoluten Ort. Die absolute, wahre und mathematische Zeit verfließt in dieser Physik an sich gleichförmig und ohne Beziehung auf irgendeinen äußeren Gegenstand. Sie wird auch mit dem Namen ›Dauer‹ belegt. Die spezielle Relativitätstheorie ist im Grunde aus der Elektrodynamik und der Optik herausgewachsen. Sie ist, vereinfacht gesagt, die Lehre der Physik, die auf das Licht bezogen ist. Und genau dies kostet die beiden Annahmen Newtons das Leben.«
»Es tut mir leid, Daniel, aber das habe ich schon wieder nicht verstanden.«
»Einstein sagte einmal, wenn man zwei Stunden lang mit einem netten Mädchen zusammensitze, meine man, es wäre eine Minute. Sitze man jedoch eine Minute auf einem heißen Ofen, meine man, es wären zwei Stunden. Das sei Relativität.«
»Da beliebte der Meister wohl zu scherzen,« sagte Brak schmunzelnd, »aber immerhin hatte er Achtung vor der Psychologie und erläuterte einen seiner Grundgedanken mit der Relativität des

Zeitgefühls!« »Physikalisch von größerer Bedeutung ist allerdings die empirische Überprüfbarkeit von drei bisher unbekannten Effekten: Längenverkürzung, Zeitverlängerung und Massenerhöhung,« erwiderte Albertson den kleinen Angriff.

»Da bitte ich den Herrn Professor erneut um eine Erklärung,« konterte Brak.

»Ein Beobachter, der den Abstand zwischen den Endpunkten eines an ihm vorbeibewegten Gegenstandes mißt, kommt zu einem Wert, der kleiner ist als der, den er für denselben Gegenstand mißt, wenn dieser ruht. Eine sich bewegende Uhr, die man mit ruhenden Uhren entlang ihrer Bahn vergleicht, geht langsamer als diese. Je schneller ein Objekt nahe Lichtgeschwindigkeit fliegt, um so langsamer verläuft die Zeit, und bei Erreichen der Lichtgeschwindigkeit ist $t = 0$.

Raum und Zeit selbst hängen vom Bewegungszustand ab und sind daher relativ.

Der dritte Effekt, die relativistische Massenerhöhung, besteht darin, daß die Masse eines Körpers unbegrenzt anwächst, wenn er sich der Lichtgeschwindigkeit annähert.«

»Das ist doch inzwischen alles experimentell überprüft worden?«

»Ja, diese Zeitdilatation ist durch den Vergleich zweier unterschiedlich bewegter Atomuhren, bei denen kein Rädchen klemmen kann, gemessen worden. Dazu noch eine weitere Prüfungsfrage für angehende Diplomphysiker.«

»Ich verzichte gerne auf dieses Diplom,« unterbrach Brak seinen Freund, »meine bisherigen Studienabschlüsse reichen mir!«

»Ein Abschluß in Physik hat noch niemandem geschadet,« erwiderte Albertson, »also: Wer altert schneller?

Ein Mensch, der in einer Rakete mit großer Geschwindigkeit durchs Weltall fliegt, oder du, der auf der Erde geblieben ist?«

»Physik ist eine merkwürdige Wissenschaft,« seufzte Brak.

»Die Physik sei eine einfache Sache, aber kompliziert, sagte mein Kollege Paul Ehrenfest, ein Freund Einsteins, einmal. Der Weltraumfahrer altert langsamer als du.«
»Könnte man durch ständiges Herumfliegen im All dauernd jung bleiben?« fragte Brak nicht ganz ernsthaft.
»Zwar sagt die spezielle Relativitätstheorie einen Zeitdehnungseffekt für den Fall voraus, daß zwei Beobachter sich relativ zueinander bewegen, aber diese Geschwindigkeit muß gleichförmig sein, d.h. Schnelligkeit und Richtung der Bewegung dürfen sich nicht verändern. Für eine Rakete, die von der Erde aufsteigt und wieder landet, gilt dies aber nicht, da es durch Start- und Landemanöver zu Beschleunigung und Verzögerung der Geschwindigkeit kommt. Hier muß die allgemeine Relativitätstheorie angewendet werden, die zeigt, daß die Zeitdilatation, die auftritt, sobald die Rakete nach dem Start mit gleichförmiger Geschwindigkeit relativ zur Erde fliegt, durch Start und Landung wieder ausgeglichen wird.«
»Aber was passiert, wenn der Weltraumfahrer nicht mehr auf der Erde landet?« fragte Brak.
»Wenn die Rakete die Erde mit gleichbleibender Geschwindigkeit umkreist, kommt es aber dabei zu einer Änderung der Bewegungsrichtung; außerdem ist eine Kraftkomponente, die sich als Beschleunigung darstellt, notwendig, um die Kreisbahn der Rakete zu ermöglichen. Die Geschwindigkeit ist also nicht gleichförmig, und deshalb treffen die Voraussagen der speziellen Relativitätstheorie nicht mehr zu.«
»Das habe ich verstanden, Daniel, aber warum wird auch der Begriff der räumlichen Länge bzw. Entfernung relativiert?«
»Was dir als ein Lineal von 30 Zentimetern Länge erscheint, kann einem Beobachter, der sehr schnell an dir vorbeigeht, nur 25 Zentimeter lang erscheinen. Der sich bewegende Beobachter kann

jedoch mit Hilfe der speziellen Relativitätstheorie feststellen, welche Maße das Lineal angibt, wenn er seine Bewegung in Relation zu dir kennt. Ebenso könntest du bestimmen, wie dein Lineal dem sich an dir vorbeibewegenden Beobachter erscheint, wenn du deine Bewegung in Relation zu ihm kennst. Mit dieser Theorie kann jeder seine räumlichen und zeitlichen Daten in das Bezugssystem des anderen übertragen. Die aus beiden Rechenoperationen resultierenden Zahlen wären für beide gleich. Es geht also Einstein nicht um das, was relativ ist, sondern um das, was absolut ist, wie ich dir vorhin schon sagte.
Das sich bewegende Lineal würde sich übrigens mit zunehmender Geschwindigkeit in der Achse seiner Bewegungsrichtung verkürzen und bei Lichtgeschwindigkeit ganz verschwinden. Seine Masse würde mit steigender Geschwindigkeit zunehmen und bei Lichtgeschwindigkeit unendlich werden. Uhren, die sich bewegen, gehen mit zunehmender Geschwindigkeit langsamer und bleiben bei Lichtgeschwindigkeit ganz stehen, wie ich vorhin schon sagte.«
»Dies gilt aber doch wohl nur für einen Beobachter, zu dem in Relation gesehen sich Lineal bzw. Uhr fortbewegen. Für einen Beobachter, der dieselbe Bewegung wie das jeweilige Objekt vollzieht, geht die Uhr genau richtig und zeigt 60 Sekunden pro Minute an, und nichts scheint sich zu verkürzen oder an Masse zuzunehmen,« meinte Brak.
»Bravo Paul, du hast es verstanden! Einsteins Theorie behauptet, daß in allen Inertialsystemen die gleichen Gesetze der Mechanik und Elektrodynamik gelten und daß die Lichtgeschwindigkeit c im Vakuum in allen diesen Systemen konstant ist. Für die physikalische Beschreibung der Naturvorgänge ist kein Bezugssystem ausgezeichnet. Die spezielle Relativitätstheorie behauptet dies aber nur für Galileische Bezugssysteme, die relativ zueinander eine geradlinige, gleichförmige und rotationsfreie Bewegung ausfüh-

ren. Für beschleunigte Systeme unter den Einflüssen von Gravitationsfeldern ist die 1916 veröffentlichte allgemeine Relativitätstheorie zuständig.«
»Du hast vorhin von der Übertragung von Beobachtungs- und Meßdaten von einem Bezugssystem ins andere gesprochen. Was sind das für Rechenoperationen?«
»Da die Lichtgeschwindigkeit c konstant und endlich ist, muß man die sogenannte Lorentz-Transformation verwenden. Diese Formeln machen den mathematischen Inhalt der speziellen Relativitätstheorie aus und sagen uns, zu welchem Urteil über Entfernungen und Zeitspannen ein Beobachter, dessen relative Bewegung bekannt ist, kommen wird, wenn uns die Angaben eines anderen Beobachters gegeben sind. Durch die Anwendung der Lorentz-Transformation sind Beziehungen zwischen verschiedenen Bezugssystemen herstellbar.«
Albertson bemerkte, daß sein Freund allmählich müde wurde und sagte: »Ich denke, es reicht dir für heute. Ich mache noch ein paar kurze Hinweise zu Einsteins Konzept der ›vierdimensionalen Raumzeit‹, und danach hören wir auf. Vielleicht kannst du mich in der nächsten Woche wieder besuchen, mein Traum ist mir noch überhaupt nicht klar.«
»Gerne komme ich nächste Woche wieder, Daniel, so lange brauche ich auch, um das zu verdauen, was du mir erklärt hast. Außerdem will ich noch einiges zu dem besprochenen Themenkomplex nachlesen.«
»Sehr gut! Beim Thema Raumzeit kann ich den Unterschied zwischen der Physik vor Einstein und der Relativitätstheorie noch einmal verdeutlichen. Folgende Gründe haben das neue Konzept erzwungen: Die alte Trennung von Raum und Zeit beruhte auf dem Glauben, daß die Aussage, zwei Ereignisse an entfernten Punkten seien gleichzeitig, eindeutig sei. Folglich dachte man, es

sei möglich, die Topographie, also die Orts- und Lagebeschreibung des Universums, zu einem bestimmten Zeitpunkt durch rein räumliche Angaben zu beschreiben.«

»Also durch die Zahlen—oder—Koordinaten x, y und z?« unterbrach Brak.

»Genau, aber jetzt, da die Gleichzeitigkeit von einem bestimmten Beobachter abhängig geworden ist, ist das nicht mehr möglich. Was für einen Beobachter eine Beschreibung der Welt zu einem gegebenen Zeitpunkt ist, das ist für einen anderen Beobachter eine Folge von Ereignissen, die nicht nur räumlich, sondern auch zeitlich voneinander entfernt sind. Wir haben uns also mit Ereignissen statt mit den Körpern zu befassen. In der klassischen Physik war es möglich, eine Anzahl von Körpern alle zum gleichen Zeitpunkt zu betrachten, und weil die Zeit für alle die gleiche war, konnte man sie ignorieren. Jetzt ist das nicht mehr möglich, wenn man eine objektive Beschreibung physikalischer Vorgänge haben will.

Der Zeitpunkt muß angegeben werden, zu der ein Körper betrachtet werden soll, und so gelangt die Physik zu einem Ereignis, also zu etwas, das zu einem gegebenen Zeitpunkt stattfindet. Kennt der Physiker Zeit und Ort eines Ereignisses nach der Berechnung eines Beobachters, kann er dessen Zeit und Ort, bezogen auf einen anderen Beobachter, berechnen. Es müssen aber sowohl die Zeit als auch der Ort bekannt sein. So etwas wie die gleiche Zeit für verschiedene Beobachter gibt es nur, wenn sie relativ zueinander in Ruhe sind. Es sind also vier Messungen nötig, um eine Position festzulegen, und diese Messungen legen die Position eines Ereignisses im Raum-Zeit-Kontinuum fest, nicht einfach die eines Körpers im Raum. Drei Messungen reichen nicht aus, irgendeine Position festzulegen. Das ist der Kern dessen, was mit der Ablösung von Raum und Zeit durch das Raum-Zeit-Kontinuum gemeint ist. Unsere Welt wird so zu einem vierdimensionalen zeiträumlichen oder raumzeitlichen Kontinuum. Sie setzt sich aus Einzelereignissen zusammen, wobei jedes durch vier Zahlen, nämlich drei räumliche Koordinaten x, y, z und eine zeitliche Koordinate, den Zeitwert t beschrieben ist.«

»Was ist ein Kontinuum?« frage Brak.

»Kontinuum heißt, daß es zu jedem Ereignis beliebig benachbarte, realisierte oder doch denkbare Ereignisse gibt, deren Koordinaten x_1, y_1, z_1 und t_1 sich von denen des ursprünglich betrachteten Ereignisses x, y, z und t beliebig wenig unterscheiden. Da gemäß der Relativitätstheorie die Zeit ihrer Selbständigkeit beraubt wird, ist durch diese Theorie die vierdimensionale Betrachtungsweise der Welt geboten. Für die formale Entwicklung der Relativitätstheorie spielte der Mathematiker Hermann Minkowski eine herausragende Rolle. Seine wichtigste Entdeckung war die Erkenntnis, daß das vierdimensionale Kontinuum der Relativitätstheorie in seinem maßgebenden formalen Eigenschaften die weitgehendste Verwandtschaft zu dem dreidimensionalen Kontinuum des euklidischen geometrischen Raumes zeigt. Um diese Verwandtschaft ganz hervortreten zu lassen, muß man statt der üblichen Zeitkoordinate t die ihr proportionale imaginäre Größe $\sqrt{-1} \times c \times t$ einführen. Dann nehmen die den Forderungen der speziellen Relativitätstheorie genügenden Naturgesetze mathematische Formen an, in denen die Zeitkoordinate genau dieselbe Rolle spielt wie die drei räumlichen Koordinaten. Diese vier Koordinaten entsprechen formal genau den drei räumlichen Koordinaten der Geometrie von Euklid. In Minkowskis vierdimensionaler Welt werden die drei Raumkoordinaten $x = x_1$, $y = x_2$ und $z = x_3$ erweitert um die imaginäre Zeitkoordinate $t = \sqrt{-1} \times c \times t = x_4$. Minkowski nannte das durch die Koordinaten x_1, x_2, x_3 und x_4 beschriebene Konti-

nuum ›Welt‹ und das Punktereignis ›Weltpunkt‹. Damit wird die Physik aus einem Geschehen im dreidimensionalen Raum gewissermaßen ein Sein in der vierdimensionalen ›Welt.‹«
Brak sah völlig erschöpft aus. Dieser konzentrierte Physik-Vortrag war zuviel für ihn.
»Ich muß erst einmal versuchen, das alles zu verarbeiten,« sagte er mit leiser Stimme.
»Es ist gut, Paul, die Grundgedanken der allgemeinen Relativitätstheorie, die für mein Projekt noch wichtiger ist, erspare ich dir zunächst. Im dritten Regal hier an der Fensterwand steht Einsteins dunkelrosa Buch ÜBER DIE SPEZIELLE UND DIE ALLGEMEINE RELATIVITÄTSTHEORIE, das ich dir gerne ausleihe. Lies dir alles noch einmal zu Hause in Ruhe durch. Wir können ja in der nächsten Woche noch einmal auf dieses Thema zurückkommen.«
Brak erhob sich, nahm das Buch aus dem Regal und verabschiedete sich von seinem Freund.
»Ich hoffe, mich eines Tages für diesen physikalischen Crash-Kurs revanchieren zu können, Daniel.«
»Hoffentlich gelingt dir das, mein Lieber. Lege mir bitte noch deine Beatles-Songs in den CD-Player, bevor du gehst. Mit meinem Butler kannst du ja telefonisch einen Termin für die nächste Woche vereinbaren. Und denke bitte auch noch einmal über meinen merkwürdigen Traum nach!«
»Das mache ich, Daniel. Auf Wiedersehen bis in ein paar Tagen.«
Brak fuhr müde und mit Kopfschmerzen nach Hause.
Albertson freute sich über die Lieder der Beatles, besonders über PLEASE, PLEASE ME und HERE COMES THE SUN.

Zu Hause angekommen, trank Brak erst einmal eine Flasche Bier. Normalerweise trank er am frühen Nachmittag keinen Alkohol, aber nach diesem anstrengenden Gespräch, das phasenweise eine sehr abstrakte Physikvorlesung war, brauchte er etwas, um sich wieder zu beruhigen. Er war aber froh, nach all den Jahren die alte Freundschaft wiederbelebt zu haben. Die geistige Vitalität und das Engagement seines Freundes hatten ihn beeindruckt. Er vergegenwärtigte sich noch einmal dessen Traum: Die Bedeutung des Buchstabens h auf der Medaille war ihm völlig unklar. Albertson hatte keine Assoziationen hierzu geäußert und sich ausschließlich auf Einstein konzentriert, angeregt durch den Buchstaben c in der Energie-Masse-Äquivalenz-Formel der Relativitätstheorie. Es war klar, daß diese Theorie eine zentrale Rolle in seinem ehrgeizigen Projekt spielte. Es mußte eine Formel geben, die in ihrer Bedeutung für die moderne Physik Einsteins Formel vergleichbar war und den Buchstaben h enthielt. Das konnte aber nur Albertson selbst herausfinden. Warum gelang es ihm nicht, das Loch für die Medaillenkette zu bohren? Auch zum physikalischen Teil ihres Gesprächs hatte er noch viele Fragen:

Warum hat jedes Objekt seine Eigenzeit, die um so langsamer vergeht, je schneller es sich in Richtung Lichtgeschwindigkeit bewegt?

Worin breiten sich die Lichtwellen aus, wenn es nach Einstein keinen Weltäther gab? Braucht nicht jede Welle ein Medium zur Ausbreitung—die Wasserwelle das Wasser, die Dauerwelle das Haar?

Welche Bedeutung hatte Minkowskis imaginäre Zeitkoordinate x_4 im System der drei Raumkoordinaten x_1, x_2 und x_3? Wurde in Minkowskis ›Welt‹ bzw. in Einsteins ›Raumzeit‹ die Zeit einfach als vierte Dimension an die drei räumlichen sozusagen: angehängt? Wenn aber Raum und Zeit gleichbedeutend geworden waren, wurde dann nicht hinsichtlich der alten Polarität in der griechischen Philosophie zwischen ›Sein‹ (PARMENIDES) und ›Werden‹

(HERAKLIT) eindeutig Position zugunsten des Seins bezogen? Warum wurde das Bild einer stabilen Welt, die sich dem Prozeß des Werdens entzieht, zum Ideal der theoretischen Physik bis heute? Mit welchem Recht bezieht sich der von Einstein und Albertson vertretene Begriff des Naturgesetzes auf ein Universum, das grundsätzlich reversibel ist und keinen Unterschied zwischen Vergangenheit und Zukunft kennt?

Wo war in diesem Modell, das den Zeitpfeil leugnet, Platz für chaotische und irreversible Prozeße, die auf allen Ebenen der belebten und unbelebten Natur zu beobachten waren, und für die Entstehung von Neuem? In Einsteins Buch, das sein Freund ihm geliehen hatte, las er, daß in der Physik aus einem Geschehen im dreidimensionalen Raum gewissermaßen ein Sein in der vierdimensionalen Welt werde. Einsteins kosmologisches Modell vom statischen Universum bestätigte noch einmal eindeutig seine Entscheidung zugunsten des Statischen, Geometrischen.

Gab es von der imaginären Zeitkoordinate eine Verbindungslinie zu Albertsons Konzept einer imaginären Zeit? Im Bestseller seines Freundes EINE KURZE GESCHICHTE DER ZEIT fand Brak die eindeutige Bestätigung dafür, daß dieser sich wie Einstein auf die Seite des Seins geschlagen hatte, falls man das überhaupt so sagen konnte: Auch in seinem Modell war das Universum völlig in sich abgeschlossen und keinerlei äußeren Einflüssen unterworfen. Es war weder erschaffen noch zerstörbar—es würde einfach *sein*.

Was meinten Albertson und seine Physiker-Kollegen, wenn sie solche Begriffe wie Zeit und Sein verwendeten? Gehörten diese nicht zu den rätselhaftesten Begriffen der abendländischen Tradition? Meinten sie etwa Sein im Sinne von Vorhanden- und Verfügbar-Sein? Wenn ja, war dies möglicherweise ein viel zu enger Seins-Begriff, der aus einem Mißverständnis dessen herrührte, was schon in der Tradition der griechischen Philosophie unter Sein

verstanden worden ist? Gab es bezüglich des Zeit-Begriffs vielleicht auch eine Verengung im Verständnis?
Was waren Schwarze Löcher, von denen sein Freund in diesem Zusammenhang sprach, und welche Rolle spielten sie beim Versuch einer physikalischen Erklärung der Urknall-Singularität?
Fragen über Fragen! Brak hatte starke Kopfschmerzen und legte die Bücher von Einstein und Albertson zur Seite. In seinem Bücherregal fand er einen kleinen Band mit Briefen Einsteins und ein wenig Trost durch zwei Briefauszüge.
1922 hatte er an einen Kollegen geschrieben: ›Wie armselig steht der theoretische Physiker vor der Natur und vor—seinen Studenten!‹
1943 schrieb er einer Mathematikstudentin: ›Machen Sie sich keine Sorgen über Ihre Schwierigkeiten in Mathematik; ich kann Ihnen versichern, meine sind noch größer.‹
Er gönnte sich eine zweite Flasche Bier, aß ein Käsebrötchen und entspannte sich bei einer CD mit Liedern von Bob Dylan und Joan Baez.

DER WÜRFELNDE ZWERG

oder

DIE SPRINGENDEN QUANTEN

Eine Woche später besuchte Brak seinen Freund erneut. Dieser hörte gerade die letzten Takte eines Violinkonzertes von Brahms, als er das Arbeitszimmer betrat. Sie begrüßten sich herzlich, Albertson schien in großer Aufregung zu sein und konnte es kaum erwarten, bis der Tee und das Gebäck gebracht wurden.
»Stelle dir vor, Paul, vorgestern nacht hatte ich wieder einen seltsamen Traum. Den muß ich dir sofort erzählen.«
Brak legte das geliehene Einstein-Buch auf den Tisch und schaute erwartungsvoll.
»Bitte lache jetzt nicht,« fuhr Albertson fort, »aber in diesem Traum hatte ich Besuch von einem Zwerg.«
Brak konnte sich ein Lächeln nicht verkneifen, sagte aber nichts.
»Ich saß in der Abenddämmerung an einem Bach, der sich durch eine Wiesenlandschaft schlängelte, und warf kleine Steinchen ins Wasser. Die Abendstille wurde nur hin und wieder durch das Platschen unterbrochen, das ich selbst verursacht hatte. Plötzlich bewegte sich hinter mir etwas. Ich drehte mich um und erblickte eine kleine, Zwergen ähnliche Gestalt, die frech grinsend auf mich

zukam. Sie erinnerte mich an eine Rumpelstilzchenfigur, die ich vor einiger Zeit gesehen hatte, als ich mit meiner jüngsten Tochter in einem Puppentheater war. Die linke Hand war zu einer Faust geballt, in der rechten Hand hatte dieser Giftzwerg einen Würfelbecher. Er baute sich mit provozierender Arroganz vor mir auf und kippte den Becher um. Drei Würfel fielen heraus, zwei waren weiß und gleich groß, Punkte waren aber nicht darauf. Der dritte Würfel war größer als die beiden anderen und rabenschwarz, ebenfalls ohne Punkte. Er forderte mich auf, mit ihm zu spielen. Und jetzt halte dich fest, Paul! Als ich den Becher widerwillig umstülpte, stand auf der Oberseite des einen weißen Würfels der Buchstabe c, und—einmal darfst du raten—der andere Würfel zeigte auf seiner Oberseite—«

»Natürlich den Buchstaben h!« unterbrach Brak seinen Freund, der amüsiert nickte.

»Konntest du auf dem größeren schwarzen Würfel noch etwas Besonderes entdecken?« fragte Brak.

»Nein, Paul, ich betrachtete ihn von allen Seiten, aber er war einfach nur schwarz.«

»Fällt dir sonst noch etwas ein?«

»Ja,« sagte Albertson zögernd. »Ich erinnere mich noch, daß er seine Faust öffnete und ein Stein herausfiel. Er nahm ihn wieder in die linke Hand, ballte diese zur Faust und ließ den Stein erneut zu Boden fallen. Dieses Spiel wiederholte sich mehrmals. Ich fragte den Zwerg: ›Was soll das?‹ Er aber grinste nur hämisch und antwortete nicht. Dann tanzte er wild im Kreis herum und sang keifend dieses Lied: ›Die Welt, die Welt,

>was sie wohl zusammenhält?
>Es ist nicht das Geld,
>es ist nicht das Geld,
>das die Welt zusammenhält!‹

Ich war wütend und wollte ihn packen, aber als ich auf ihn zustürzte, verschwand er so plötzlich, wie er gekommen war. Den Becher mit den Würfeln und den Stein ließ er zurück.
Was soll ich davon halten, Paul?«
»Ich habe das Gefühl, daß dieser Traum eine Variation des Themas deines ersten Traumes darstellt.«
»Aber was ist denn überhaupt dessen Thema?« fragte Albertson.
»Ich denke, es ging einmal um eine mißglückte Preisverleihung. Es gelang dir nicht, den Auftrag des Riesen zu erfüllen, also das Loch in die Medaille zu bohren. Ohne Kette an dieser keine Siegerehrung. Das Loch hätte aber noch etwas anderes gebracht: nämlich eine Verbindung zwischen Vorder- und Rückseite der Medaille, also eine Verbindung zwischen den Buchstaben c und h, die jetzt erneut auf den beiden Würfeln auftauchen. Wo kommt der Buchstabe h in deiner Arbeit vor, Daniel?«
»Das ist ganz einfach, ich habe in der letzten Woche natürlich darüber nachgedacht. Schon kurz nach deinem Weggang wurde mir klar, daß es sich dabei nur um das Planck'sche Wirkungsquantum handeln kann.«
»O je, bitte nicht schon wieder so eine geballte Ladung Physik wie beim letzten mal,« flehte Brak.
»Keine Angst, Paul, diesmal wird's einfacher.«
»Könntest du bitte, bevor du wieder richtig loslegst, erst einmal erklären, was ihr Physiker unter einem ›Zwerg‹ versteht? Vielleicht ermöglicht uns dies Assoziationen, die ermöglichen, deinen nächtlichen Besucher besser zu verstehen.«
»Weiße Zwerge sind Sterne wie etwa die Sonne, die sich nach dem Verbrauch ihres Kernbrennstoffs zusammenziehen. Je nach ihrer Masse kommt es zu einem Stillstand des KontraktionsProzeßes. Ihr Zustand stabilisiert sich, sie besitzen nicht so viel Masse, daß die Schwerkraft sie zwingt, in sich zusammenzustürzen und zum

Schwarzen Loch zu werden. In der Milchstraße in unserer unmittelbaren Nachbarschaft gibt es eine große Zahl Weißer Zwerge.«
»Nach den Schwarzen Löchern wollte ich dich ohnehin noch fragen. Sie spielen ja in deiner Arbeit eine äußerst wichtige Rolle. Kannst du dich noch an die Gefühle erinnern, die dein nächtlicher Zwerg bei dir ausgelöst hat?«
»Ja, ein wenig schon. Sein hämisches Grinsen und arrogantes Verhalten erzeugten in mir Gefühle von Wut, aber auch von Kleinheit und leichter Depressivität, zumal es mir nicht gelang, ihn zu packen und zu verprügeln.«
»Vielleicht verkörpert der Zwerg ja jenen zweifelnden, unsicheren Teil in dir, der durch Arroganz überspielt wird. Er holt dich auf den Boden zurück, von dem du riesenhaft abzuheben drohst. Möglicherweise sind Riese und Zwerg komplementäre Aspekte deiner Persönlichkeit. In deinen Büchern habe ich sowohl Passagen der Hoffnung, die Theorie für Alles bald finden zu können, als auch Hinweise auf Unsicherheiten und Zweifel an der Möglichkeit dieser Theorie gelesen. Beide Träume scheinen dich dir selbst vorzuführen, Grandiosität und Depressivität, Größe und Kleinheit sind vielleicht zwei Seiten derselben psychischen Struktur—zwei Seiten einer Medaille?«
»Das klingt recht plausibel, Paul. Ganz witzig finde ich die Analogie zwischen den physikalischen Systemen Riese und Zwerg und den Märchenfiguren im Traum. Ich hätte früher nie gedacht, daß zwischen Tag und Nacht, Wach-Ich und Traumerleben solche Korrespondenzen bestehen können. Die Buchstaben c und h repräsentieren Relativitäts- und Quantentheorie.«
»Wie überall in der Wissenschaft gibt es auch hier nur Vermutungen. Ob unsere Deutungsversuche richtig sind, kannst nur du selbst entscheiden. Der beste Interpret seiner Träume ist immer noch der Träumer. Die Analogie, die du eben angesprochen hast,

finde ich auch bemerkenswert. Sowohl physikalisch als auch psychologisch steht der Riese für Größe. Er ist aber aufgebläht, kann in sich zusammenfallen und zum kleinen Zwerg schrumpfen.
Ich möchte noch etwas zur Struktur des Traumes anmerken. Im Grunde kommt es in ihm zu einer Spaltung des Ich, da er von zwei getrennten Figuren beherrscht wird: Dem Traum-Ich, das den Traum erlebt und das dem Träumer und auch dem aus dem Traum Erwachten mit dem Wach-Ich identisch erscheint und dem Traum-Spieler, einer Instanz, die im Traum die Außenwelt mit ihren Vorgängen ersetzt.
Riese und Zwerg sind in deinen Träumen zentrale Bestandteile der Inszenierung durch den Traumspieler, der bei seinen Vorführungen über ein besseres Gedächtnis als das Wach-Ich verfügen kann. Er vermag das im Gehirn gespeicherte Material oft besser zu aktivieren als das Wach-Ich. Er kann sowohl Probleme lösen als auch die zur Problemlösung strebende Gehirntätigkeit weiterlaufen lassen und dem Traumerleber die Lösung vorführen.«
»Das klingt ganz gut, Paul, aber leider habe ich bisher das Gefühl, daß mir diese beiden Träume nicht nur keine Lösungen zeigen, sondern sogar noch zusätzliche Probleme schaffen. Oder siehst du irgendwo den Hinweis auf eine Lösung? Was du gesagt hast, erinnert mich an den Spruch: ›Den Seinen gibt's der Herr im Schlaf‹. Dummerweise gehöre ich wohl nicht zu den Seinen.«
»Ich sehe natürlich auch noch keine Lösung. Vielleicht kommen wir weiter, wenn wir noch einmal den physikalischen Faden aufnehmen. Das h bedeutet das Planck'sche Wirkungsquantum, sagtest du vorhin.«
»Während sich die Relativitätstheorie überwiegend auf den Makrokosmos bezieht und solche Themen wie Raum und Zeit, Masse und Energie, Lichtgeschwindigkeit, Gravitation und die Struktur des Universums behandelt, geht es in der Quantentheorie zu-

nächst um mikrophysikalische Prozeße, also um Vorgänge in der atomaren und subatomaren Welt.
Stelle dir bitte einmal so ein simples Ding wie die Glühlampe vor, die übrigens im Geburtsjahr Einsteins von Thomas A. Edison erfunden wurde. Dir ist vielleicht bekannt, daß ein Draht, der mit elektrischem Strom beheizt wird, erst überhaupt nicht, dann rot, dann gelb und schließlich bei höheren Temperaturen weiß glüht. Das Auge, das sich bei seiner Entwicklung der Sonnenstrahlung angepaßt hat, empfindet bei einer bestimmten Temperatur weiß...«
Brak unterbrach seinen Freund:
»Also hatte Goethe recht: ›Wär' nicht das Auge sonnenhaft, / Wie könnten wir das Licht erblicken? / Lebt' nicht in uns des Gottes eig'ne Kraft, / Wie könnt' uns Göttliches entzücken?‹«
»Ich habe jetzt keine Lust, mit dir über Gedichte zu sprechen und metaphysische Fragen zu diskutieren,« konterte Albertson, »was ich sagen wollte ist dies: Die Lampenhersteller wollten Lampen entwickeln, die das Sonnenlicht nachahmten. Dazu hätten sie aber so hohe Temperaturen verwenden müssen, daß der Draht zerstört worden wäre. Bekannt war schon, daß bei kleineren Temperaturen sehr viel infrarotes Licht abgestrahlt wurde, unsichtbar und unnütz, was den Wirkungsgrad von Glühlampen schlecht machte. Die Glühlampenindustrie interessierte sich daher für die genaue Verteilung der Strahlung im Spektrum und hoffte, daß die Kenntnis der Strahlungsgesetze zu besseren Lampen führen würde.
An der Physikalisch-Technischen Reichsanstalt in Berlin machte Max Planck im Jahre 1899 die zentrale Entdeckung: In der klassischen Physik erschienen bis dahin physikalische Größen und Zustände als stetige Phänomene, Übergänge waren fließend, ›die Natur machte keine Sprünge.‹ Planck zeigte, daß die Änderung physikalischer Größen nicht notwendigerweise stetig, sondern auch sprunghaft erfolgt. Der Prozeß, in dessen Verlauf Materie

Wärmeenergie aufnahm und Lichtenergie aussandte, verlief diskontinuierlich, d.h. in Portionen, den sogenannten Quanten, die völlig unerwartet waren. Planck erklärte diese überraschenden, der Mechanik widersprechenden unstetigen Eigenschaften, in dem er eine einfache mathematische Formel erfand:

$$\mathcal{E} = h \times f.$$

Diese Formel besagt, daß die Energie ($\mathcal{E}$) gleich der Frequenz (f) der emittierten Strahlung ist, multipliziert mit einer Konstanten (h). Damit hatte das Zeitalter der Quantenmechanik begonnen, was eine physikalische Revolution bedeutete.«
Brak dachte eine Weile nach.
»Ich verstehe zwei Dinge nicht, Daniel. Was war das Revolutionäre daran, und warum hast du in bezug auf die Relativitätstheorie in unserem letzten Gespräch nicht von einer Revolution gesprochen?«
»Das umwälzend Neue war die Idee der Konstanten h. Bislang hatte noch kein Modell der klassischen Physik einen derartigen Zusammenhang zwischen der Frequenz einer Strahlung, worunter man übrigens die Anzahl der Schwingungen einer Welle in der Sekunde versteht, und der zur Erzeugung dieser Strahlung erforderlichen Energie hergestellt. Es stellte sich heraus, daß das Planck'sche Wirkungsquantum eine extrem kleine Zahl war, so winzig klein, daß man annehmen könnte, daß sich ihre Auswirkung überhaupt nicht beobachten läßt. Plancks Gleichung erklärte, warum bei der Erwärmung von Körpern eher Lichtwellen mit niedrigeren Frequenzen ausgesendet wurden, und sie erklärte einen völlig neuartigen Gedanken. Da das Energiequantum $h \times f$ ein bestimmter *ganzer* Energiebetrag war, weder ½ $h \times f$ noch irgendein anderer Bruchteil, konnte die Energie einer bestimmten Strahlung nur ein ganzzahliges Vielfaches der Grundeinheit der

Energie sein. Erwärmte Körper konnten nur Lichtwellen mit festen Energieeinheiten erzeugen. Quantum bedeutet einen festen Betrag. Energie mit einer bestimmten Frequenz f ließ sich mit einem Schokoladenriegel vergleichen, der in ganze Stücke von derselben Größe aufgeteilt werden mußte, ohne daß ein halbes oder ein viertel Stück übrig blieb. Der Bruch mit der klassischen Mechanik, den neben Planck auch andere Quantentheoretiker zunächst nicht wahrhaben wollten, bestand darin, daß sich die Quanten oder ›Energiepakete‹, wie Werner Heisenberg sie nannte, in unverbundener oder diskontinuierlicher Weise bewegten. Sie ›sprangen‹ anscheinend mühelos von einem Ort zum anderen, ohne sich damit abzugeben, die dazwischenliegende Strecke zurückzulegen.«

»Hatte Einstein nicht große Probleme mit diesen sprunghaften, diskontinuierlichen Prozeßen im Mikrobereich der Materie, Daniel?«

»So ist es. Aber man muß hier differenzieren. Zwar warf er das mechanistische Bild Newtons über den Haufen, ersetzte es aber durch sein eigenes mechanistisches Bild, mit dem sich die Bewegung von Materie und Licht noch besser erfassen ließ. Diese Relativitätsideen waren neu und unerhört, aber sie waren noch immer mechanistisch: Eine Ursache erzeugte eine Wirkung, auch wenn die Uhren und Zollstöcke nicht mehr so unveränderlich wie bisher angenommen waren. Insofern war seine Theorie gegenüber der klassischen Physik keine Revolution, sondern eher die Vollendung und Krönung dieser Physik. Einstein hielt zeit seines Lebens an der Überzeugung fest, jene objektive Welt der physikalischen Vorgänge erforschen zu können, die ›dort draußen‹ in Raum und Zeit unabhängig von uns nach festen Gesetzen ablaufen. Mit den Konsequenzen, welche vor allem die Quantentheoretiker Niels Bohr und Heisenberg aus den mikrophysikalischen Erfahrungen zogen, die mit Plancks Wirkungsquantum begannen, konnte sich Einstein nie abfinden: ›Je mehr man den Quanten nachjagt, desto besser verbergen sie sich‹, schrieb er an seinen Freund Paul Ehrenfest 1924 und an Louis de Broglie 1954: ›Ich muß nämlich erscheinen wie der Wüstenvogel Strauß, der seinen Kopf dauernd in dem relativistischen Sand verbirgt, damit er den bösen Quanten nicht ins Auge sehen muß.‹

Auf seinen bekannten Satz ›Gott würfelt nicht‹ antwortete sein Kontrahent Bohr: ›Aber es kann doch nicht unsere Aufgabe sein, Gott vorzuschreiben, wie Er die Welt regieren soll.‹

Ehrenfest wurde noch deutlicher: ›Einstein, ich schäme mich für dich; denn du argumentierst gegen die neue Quantentheorie jetzt genauso wie deine Gegner gegen die Relativitätstheorie.‹«

»Hast du nicht Einstein in diesem Zusammenhang einen doppelten Irrtum vorgeworfen?« fragte Brak.

»Genau, die Teilchenemission aus Schwarzen Löchern legt den Schluß nahe, daß Gott nicht nur manchmal würfelt, sondern die Würfel auch gelegentlich an einen Ort wirft, wo man sie nicht sehen kann.«

»Diese Kontroverse zwischen Einstein und den Quantentheoretikern mußt du mir bitte noch genauer erläutern, Daniel.«

»Das mache ich gerne. Zuvor will ich dich aber noch auf ein groteskes Ereignis der Wissenschaftsgeschichte aufmerksam machen: Im selben Jahr 1905, in dem Einstein seine Abhandlung ZUR ELEKTRODYNAMIK BEWEGTER KÖRPER, also seinen Abriß der speziellen Relativitätstheorie, veröffentlichte, erschien von ihm auch die Arbeit ÜBER EINEN DIE ERZEUGUNG UND VERWANDLUNG DES LICHTES BETREFFENDEN HEURISTISCHEN GESICHTSPUNKT. In dieser Arbeit nahm er sich Plancks theoretische Unstetigkeiten vor und wendete die Gleichung $\mathcal{E} = h \times f$ auf die elektromagnetische Strahlung an. Licht tritt in bestimmten *Paketen* oder Quanten auf. Diese Lichtquanten wurden ab 1926 Photonen genannt. Damit wurde die bis dahin unangefochtene Wellentheorie des Lichtes relativiert, von der Heinrich Hertz 1889 behauptet hatte, daß diese Wellentheorie Gewißheit sei. Einstein formulierte 1905 die waghalsige Hypothese, daß sich diese Lichtwellen aus winzig kleinen Lichtkörnchen, eben den Quanten oder Photonen zusammensetzten. Dabei war er sich wohl gar nicht im klaren darüber, daß er mit diesem Teilchen- bzw. Korpuskelbild des Lichts die Zerstörung des mechanistischen Universums in die Wege geleitet hatte. Nach der Formel $\mathcal{E} = h \times f$ mußte die Energie eines jeden solchen Teilchens nämlich auch in einer bestimmten Weise von der Frequenz der Lichtwelle abhängen, und ebendies ließ sich mit keinem der bislang entworfenen mechanistischen Bilder erklären. Schon 1909 war ihm klar, daß ›die nächste Phase der Entwicklung der theoretischen Physik uns eine Theorie des Lichts bringen wird, welche sich als eine Art Verschmelzung von Undulations- und Emissionstheorie des Lichts auffassen läßt‹, wie er sagte. Mit dieser Formulierung traf er bereits den Kern der modernen Quantentheorie, die aufgrund bestimmter Experimente sowohl die Doppelnatur des Lichts als auch die Doppelnatur der Materie als Welle *und* Teilchen—und damit den Dualismus—akzeptieren mußte.«

»Und wofür erhielt Einstein nun 1921 den Nobelpreis?«

»Das ist ja der Witz! Eben nicht primär für die spezielle Relativitätstheorie, sondern für seine quantentheoretische Arbeit zur Lichttheorie, mit deren Hilfe der sogenannte photoelektrische Effekt, also die Emission von Elektronen aus kalten Metallen unter der Einwirkung eines Lichtstrahles, erklärt werden konnte. Einstein wurde vor allem für seinen Beitrag zur Quantentheorie ausgezeichnet, die er ein ganzes Forscherleben lang bekämpfte.«

»Da fällt mir noch etwas ein, Daniel. Worin breiten sich denn die Lichtwellen aus, wenn es keinen Äther als Medium gibt? Einstein

brauchte sich darüber wohl keine Gedanken machen, da er ja die Korpuskel- bzw. Teilchentheorie vertrat. Ist das so richtig?«
»Ja, die experimentellen Nachweisversuche für den Äther waren gescheitert, im Rahmen seiner quantentheoretischen Lichttheorie konnte er dieses Problem leicht ignorieren.«
»Mir ist völlig unverständlich, weshalb ein so kreativer Physiker wie Einstein derart störrisch gegen die Quantentheorie opponierte.«
»Ich gebe zu bedenken, was Bohr einmal sagte: ›Wer über die Quantentheorie nicht entsetzt ist, der hat sie nicht verstanden‹, und Richard P. Feynman behauptete, daß heute niemand lebe, der die Quantentheorie verstanden habe.«
»Da bin ich aber überrascht!,« sagte Brak, »ich habe vor einiger Zeit die Publikationen von drei Quantentheoretikern gelesen und hatte den Eindruck, daß diese sehr wohl ihre Theorie verstanden haben.«
»Jetzt bin ich es, der überrascht ist. Wer sind denn die drei Glücklichen?« fragte Albertson.
»Die Namen habe ich wohl vergessen. Aber vielleicht fallen sie mir später wieder ein. Im übrigen beruhigt es mich sehr, daß die Physik so schwer verständlich geworden ist. Mir geht es mit der Philosophie oft auch so. Diese ›Sachen‹ sind für uns Menschen einfach zu abstrakt und kompliziert, und es stellt sich mir die Frage, wie man aus den Labyrinthen wieder herauskommt, wenn man einmal hineingeraten war. Hatten neben Einstein nicht auch andere Physiker ihre liebe Not mit der Quantentheorie?«
»So ist es, Paul. Planck, der ja selbst 1899 nichtsahnend dem Trojanischen Pferd namens Dualismus Einlaß in die Burg der klassischen Physik verschafft hatte, bekämpfte die Lichtquantentheorie sehr lange und hielt sie für eine Jugendsünde Einsteins. Und auch Erwin Schrödinger, der eine wichtige Rolle in der Geschichte die-

ser Theorie spielte, bedauerte es ausdrücklich, sich überhaupt jemals mit der Quantentheorie abgegeben zu haben, wenn es bei dieser ›verdammten Quantenspringerei‹ bleiben sollte, wie er sagte.«

»Ich gestehe, daß ich immer noch nicht richtig verstanden habe, worin das radikal Neue, Revolutionäre dieser Theorie überhaupt besteht. Versuche es bitte noch einmal behutsam mit mir.«

»Weil du es bist, Paul. Dafür mußt du mir aber noch helfen, meinen letzten Traum besser zu verstehen. Warum ließ dieser Giftzwerg mehrmals einen Stein aus seiner Hand fallen und grinste so unverschämt? Sein Würfelspiel hat vielleicht etwas mit dem eben angesprochenen Problem Einsteins zu tun, der Gott auf keinen Fall würfeln lassen wollte.«

»Das vermute ich auch, zumal uns ja wohl wenigstens die Bedeutung der Buchstaben c und h klar geworden ist, die in deinen letzten beiden Träumen eine Rolle spielen. Wofür steht aber der dritte, größere Würfel, der völlig schwarz war, wenn ich mich richtig erinnere?«

»Also mindestens diese beiden Trauminhalte haben wir noch nicht verstanden. Vielleicht kommen wir ja über die physikalische Ebene an die verborgene Bedeutung heran, Paul.«

»Ich muß gestehen, daß unsere Interpretationsversuche doch recht ungewöhnlich sind—wahrscheinlich zu ›rationalistisch‹. Auf der anderen Seite scheinen mir die Trennungen, die manche Psychologen zwischen triebhaft-affektiven und kognitiven Prozeßen vornehmen, mitunter recht willkürlich und künstlich zu sein. Ich vermute, daß Friedrich Nietzsche mit seiner Auffassung recht hat, daß unter jedem Gedanken ein Affekt steckt und daß die Gedanken Zeichen von einem Spiel und Kampf dieser Affekte sind und immer mit ihren verborgenen Wurzeln zusammen hängen. In deinen Träumen geht es um starke Gefühle von Grandiosität und

Kleinheit, was bei einem so ehrgeizigen Projekt, wie du es betreibst, nicht ausbleiben kann. Schließlich willst du doch auf naturwissenschaftlichem Wege wissen, ›was die Welt im Innersten zusammenhält‹—ist das nicht letztlich *dein* Traum—oder möglicherweise dein *Albtraum*?«

»Deine letzte Formulierung ist mir zu poetisch. Ich will naturgesetzlich beschreiben, was am Anfang des Universums geschah und wie es geschah. Das haben vor mir auch Einstein und Heisenberg versucht. Beide sind aber gescheitert, was wohl keine Schande ist. Schließlich habe man es mit einer Sphinx zu tun und nicht mit einem willigen Straßenmädchen, soll Einstein einmal zu seiner Suche nach der einheitlichen Feldtheorie gesagt haben.«

»Da du eben wieder Einstein und Heisenberg erwähnt hast—was waren denn nun die tieferen Gründe für die unversöhnlichen Kontroversen zwischen den Relativitäts- und Quantentheoretikern? Wenn ich richtig gelesen habe, sind Einstein und seine Anhänger die Verlierer in diesem spannenden Wissenschaftlerstreit.«

»Aus jedem Angriff auf die sogenannte Kopenhagener Deutung der Quantentheorie, die von den Wortführern Bohr und Heisenberg vorgetragen wurde, ging diese Theorie gestärkt hervor. 1982 gelang in einem Experiment unter der Führung meines Kollegen Alan Aspect ein bisher akzeptierter Beweis für die zutreffende Beschreibung der Quantenrealität durch Bohr und Heisenberg. Ich erspare dir an dieser Stelle die Erläuterung dieses Experiments und gebe dir zunächst einen Einblick in einige Grundgedanken der Quantentheorie.«

»Aber bitte im Schongang, Daniel! Ich habe immer noch nicht alle deine Ausführungen zur Relativitätstheorie verdaut.«

»Dabei bezogen sich diese lediglich auf die spezielle Relativitätstheorie. Die allgemeine Relativitätstheorie habe ich dir noch gar nicht erklärt. Aber mach dir nichts daraus! Man kann auch ohne

Physik glücklich werden.« Albertson grinste, und Brak konterte: »Vielleicht kann man *nur ohne* Physik glücklich werden! Wir sind noch nicht am Ende, meine große Stunde schlägt noch. Nun fange halt endlich mit dieser seltsamen Quantentheorie an!«

»Aus der Philosophiegeschichte sind dir wahrscheinlich die fundamentalen Annahmen der Realitätsauffassung des 17., 18. und 19. Jahrhunderts bekannt, die entscheidend von René Descartes, Galileo Galilei und Isaak Newton geprägt wurden:

1. Es gibt reale Dinge, die unabhängig davon, ob wir sie beobachten oder nicht, existieren—es gibt eine objektive Realität ›da draußen‹.

2. Die Dinge bewegen sich nicht grundlos, jede Bewegung hat eine Ursache. Deshalb sind alle Bewegungen determiniert, prinzipiell läßt sich alles vorhersagen.

3. Alles bewegt sich kontinuierlich, im Großen wie im Kleinen weist jede Bewegung Stetigkeit auf.

4. Das Universum funktioniert wie eine gigantische Maschine, einem Uhrwerk vergleichbar. Die Komplexität dieser Maschine kann durch Analyse und Zerlegung in ihre Bestandteile aus der Bewegung ihrer einzelnen Teile erklärt werden.

5. Der Beobachter beobachtet, ohne dadurch etwas zu verändern oder zu stören. Aus sich regelmäßig wiederholenden Beobachtungen oder Experimenten können allgemeine Schlußfolgerungen gezogen werden.«

»War es nicht der Traum des französischen Mathematikers und Astronomen Laplace, an der Jahrhundertwende zwischen 18. und 19. Jahrhundert die Bewegung der größten Körper des Universums und der leichtesten Atome in ein und derselben Formel darzustellen? Für einen solchen Physiker, dem alle Naturgesetze bekannt sind, wäre nichts mehr ungewiß und das Zukünftige stünde wie das vergangene gegenwärtig vor seinen Augen. Wird

hier nicht zum ersten mal die Hoffnung auf eine sogenannte Weltformel ausgesprochen?«
»So ist es, Paul. Einstein hatte seine Lebensarbeit daran gesetzt, jene objektive Welt der physikalischen Vorgänge zu erforschen, die ›dort draußen‹ in Raum und Zeit unabhängig von uns nach festen Gesetzen abläuft. Mit Hilfe der mathematischen Symbole der theoretischen Physik sollte diese objektive Welt abgebildet werden, um damit Voraussagen über ihr zukünftiges Verhalten zu ermöglichen. Er hielt also an den Grundannahmen der lückenlosen Kausalität und Determiniertheit des Naturgeschehens fest und blieb in dieser Hinsicht bis zum Ende seines Lebens ein klassischer Physiker, obwohl er Newtons Annahmen einer absoluten Zeit und eines absoluten Raumes relativierte. Die Quantentheorie nun aber behauptete, daß es eine solche objektive Welt in Raum und Zeit gar nicht gibt, wenn man bis zu den Atomen hinabsteigt, und daß die mathematischen Symbole der theoretischen Physik nur das *Mögliche*, nicht das *Faktische* abbilden. Einstein war nicht bereit, sich den Boden unter den Füßen wegziehen zu lassen. Er billigte der Quantentheorie zwar zu, daß sie logisch einwandfrei sei und bedeutende Erfolge aufzuweisen hätte, konnte aber der Kopenhagener Interpretation, die ich dir noch erläutere, nur eine vorübergehende Bedeutung beimessen. Er glaubte bis zu seinem Tode an die Möglichkeit eines Modells der Wirklichkeit, also einer Theorie, welche die Dinge selbst und nicht nur die Wahrscheinlichkeit ihres Auftretens darstellt.«
»Durch welche Erfahrungen im mikrophysikalischen Bereich wurden die Physiker denn gezwungen, den ›klassischen Boden‹ zu verlassen?« fragte Brak.
»Neben Max Plancks Formel war es vor allem das Doppelspalt-Experiment, das zu einer neuen Realitätsauffassung und zu einer neuen Interpretation der Beziehungen zwischen Beobachter und

Beobachtetem führte. Bei diesem Doppelspalt-Versuch wird ein Teilchenstrom auf einen Bildschirm gerichtet. Ein zweiter Schirm mit zwei langen, parallelen Schlitzen wird zwischen die Quelle des Teilchenstroms und den ersten Schirm gebracht. Auf diese Weise muß jedes Teilchen den oberen oder unteren Schlitz des Schirms passieren, bevor es auf dem hinteren Schirm auftrifft. Jedes dieser Teilchen hinterläßt darauf einen feinen Abdruck oder dunklen Fleck. Das Verblüffende ist die Tatsache, daß bei Schließung eines der beiden Schlitze eine größere Zahl von Teilchen bestimmte Stellen des hinteren Schirmes erreicht, als wenn beide Schlitze offen sind. Dies läßt sich nicht verstehen, wenn man sich den Strom nur aus kleinen Teilchen zusammengesetzt denkt. Woher soll ein einzelnes Teilchen wissen, ob im vorderen Schirm nur ein Schlitz oder alle beiden offen sind? Da bei zwei Schlitzen jedes Teilchen die Wahl zwischen zwei Wegen zum hinteren Schirm hat, ist seine Chance, diesen zu erreichen, doppelt so groß. Das bedeutet, daß die Teilchen bei zwei geöffneten Schlitzen doppelt so häufig auf dem hinteren Schirm auftreten müßten, was aber nicht der Beobachtung entspricht. Wenn beide Schlitze geöffnet sind, bilden die auf dem hinteren Schirm auftreffenden Teilchen ein Streifenmuster, d.h. bestimmte streifenförmige Regionen auf dem hinteren Schirm werden überhaupt nicht von ihnen getroffen. Die Schließung eines der beiden Schlitze nimmt den Teilchen ihre bisherige Wahlmöglichkeit. Dennoch füllen sie nunmehr die zuvor von ihnen nicht berührten Streifen aus und treffen gleichmäßig auf dem ganzen Schirm auf. Warum vermeiden die Teilchen bestimmte Felder auf dem hinteren Schirm, wenn beide Schlitze geöffnet sind? Kein normales Bild eines Teilchens vermag dieses eigenartige Verhalten zu erklären, das dieses Teilchen gegenüber den beiden offenen Schlitzen an den Tag legt. Selbst wenn man die Teilchen steuert, so daß zu einem bestimmten Zeitpunkt immer nur ein einziges die Schlitze passiert, gelangt kein einziges Teilchen auf die leeren Streifen auf dem Schirm, wenn beide Schlitze geöffnet sind. Es gibt nur eine einzige Möglichkeit, diesen Versuch zu erklären: Wenn die Teilchen die Schlitze passieren, sind sie keine Teilchen, sondern Wellen, die einander überlagern. Ordnet man jedem Teilchen eine bestimmte Wellenlänge zu und berücksichtigt eine Interferenz, also Überlagerung der Wellen, dann sind die leeren Streifen auf dem hinteren Schirm vollständig erklärbar. Unsere ursprüngliche Vorstellung von einem Teilchenstrom war also falsch. Es sind gar keine *Teilchen*, es sind *Wellen*. Leider stimmt das so aber auch nicht. Wenn die Wellen nämlich auf dem Schirm aufkommen, treffen sie nicht gleichzeitig überall auf dem Schirm wie eine normale Welle auf, sondern kommen als eine Aufeinanderfolge punktförmiger Treffer an. Also sind die *Wellen* letztlich doch *Teilchen*.«

»Ist nun das Teilchen- oder das Wellenbild richtig?« fragte Brak.

»Die Antwort hängt davon ab, welcher Teil des Experiments durchgeführt wird. Bei *einem* offenen Schlitz besteht der Strom aus Teilchen, bei *zwei* offenen Schlitzen aus Wellen.«

»Das verstehe ich nicht,« schüttelte Brak den Kopf.

»Die Natur des Lichtes bzw. der Elementarteilchen generell hängt vom Versuchsaufbau ab. Interferenzen und Beugungsphänomene bestätigen das Wellenbild, die Registrierung auf der Fotoplatte spricht für Punktereignisse, also das Teilchenbild, für das sich ja auch Einstein stark gemacht hatte.«

»Forschungslogisch finde ich bemerkenswert,« warf Brak ein, »Daß hier die klassische Logik des *entweder-oder* nicht mehr greift, nach der ja gilt, daß eines der beiden Bilder falsch sein muß, wenn das andere richtig ist. Hinter dem Teilchen-Welle-Dualismus steht eine Logik des *sowohl-als-auch*, was zu interessanten erkenntnistheoretischen Konsequenzen führt. Worin besteht denn nun physikalisch der Unterschied zwischen Korpuskel oder Teilchen und Welle?«

»Ein Teilchen ist auf ein sehr kleines Volumen beschränkt und raumzeitlich lokalisierbar. Es repräsentiert die geometrische Seite der Natur. Eine Welle dagegen ist homogen im ganzen Raum und im gesamten zeitlichen Verlauf und erteilt folglich weder einem besonderen Raumpunkt noch einem besonderen Augenblick der Zeitdauer eine Vorzugsrolle. Sie symbolisiert eine Bewegung unter Absehung von jeder raumzeitlichen Lokalisierung, repräsentiert also die dynamische Seite der Natur. Wie Louis de Broglie Mitte der zwanziger Jahre des 20. Jahrhunderts gezeigt hat, kann sich Licht in Materie und Materie in Licht umwandeln...«

»Darüber hätte sich Goethe bestimmt sehr gefreut!« unterbrach Brak seinen Freund.

»Verschone mich bitte mit deinen Dichtern, Paul. Ich bin Physiker und möchte mein Revier nicht verlassen! Was ich sagen wollte, ist, daß de Broglie in seiner Wellenmechanik die Bewegung eines Teilchens von der Fortpflanzung einer Welle ableitete. Materieteilchen wie etwa Elektronen und Protonen sind von einer Welle begleitet, die mit ihrer Bewegung verbunden ist. Materie und Strahlung besitzen beide einen korpuskularen und einen wellenförmigen Aspekt. Der Grund, warum es diese beiden Aspekte gibt und auch die Art und Weise, wie sie zu einer höheren Einheit verschmolzen werden können, sind immer noch ein Geheimnis.«

»Ja, ja,« seufzte Brak, »wie sagte der von dir verachtete Dichter so trefflich: ›Die Natur hat kein Geheimnis, was sie nicht irgendwo dem aufmerksamen Beobachter nackt vor die Augen stellt.‹ Wahrscheinlich seid ihr Physiker nicht aufmerksam genug. Ihr könntet doch aus Welle und Korpuskel auch *Wellikel* machen,« sagt Brak augenzwinkernd.

»Das kann man zwar machen, um die Gleichwertigkeit beider

Bilder auszudrücken. Das Wesen dieser mikrophysikalischen Phänomene bleibt aber unerkannt. Du könntest natürlich auch beide zu *Korpellen* vereinigen,« erwiderte Albertson den kleinen Scherz seines Freundes.

»Auch wenn du poetische Vergleiche nicht magst. Es gibt von la Fontaine die Fabel DIE FLEDERMAUS UND DIE BEIDEN WIESEL, die vielleicht dazu beiträgt, den physikalischen Dualismus zu veranschaulichen:

Eine Fledermaus fällt in einen Wieselbau. Das Wiesel mag Mäuse nicht und will den Eindringling fressen. ›Ich bin keine Maus, sondern ein Vogel mit Flügeln‹, erklärt das Flattertier, um sich zu retten. Das Wiesel ist überzeugt von diesem Einwand und läßt den Störenfried unversehrt aus dem Bau. Zwei Tage später fällt die Fledermaus in den Bau eines anderen Wiesels, das keine Vögel mag. Erneut bedroht, gefressen zu werden sagt die Fledermaus: ›Ich bin kein Vogel, sondern eine Maus. Typisch für Vögel ist das Gefieder und nicht die Tatsache, daß sie Flügel haben. Ich habe kein Gefieder‹.

Die Fledermaus kam zweimal mit dem Leben davon, weil sie ihre Kategorien den Umständen anpaßte. Aber was ist nun eine Fledermaus, wenn sie weder den Vögeln noch den Mäusen angehört? Mir scheint, daß die Elementarteilchen ähnlich zweideutig sind. Der Kontext, in dem sie beobachtet werden, bestimmt ihr Erscheinungsbild.«

»Diese Fabel gefällt mir. Ich bin übrigens weniger antipoetisch, als du meinst. Immerhin mag ich George Eliot, Virginia Woolf und Shakespeare, und meine Liebe zur Musik kennst du ja. Brahms, Beethoven, Mozart und Puccini kann ich nicht oft genug hören— aber auch die Beatles und Edith Piaf. Die Physik ist zwar wunderbar, aber völlig kalt. Wenn ich nur die Physik hätte, käme ich mit meinem Leben nicht zurecht.

Zu Fontaines Fledermaus fällt mir übrigens ein Papagei ein. Als Picasso einmal über die Mehrdeutigkeit der Kunst sprach, sagte er, daß ein grüner Papagei auch ein grüner Salat sei. Wer in ihm nur den Papagei sehe, vermindere seine Realität.
Ein Objekt der Quantentheorie ist *Teilchen* und *Welle.* Wer in ihm nur das eine oder das andere sieht, verringert seine Realität und kann keine Theorie der atomaren Welt aufbauen, die sich experimentell bestätigen läßt.«
»Ist deine Redeweise, ein quantentheoretisches Objekt *ist* Teilchen und Welle, nicht problematisch, Daniel? Wäre es nicht genauer zu sagen, daß diese Objekte gar keine Objekte im herkömmlichen Sinne mehr sind, sondern lediglich mathematische Beschreibungen von Erfahrungen, die je nach Experiment unterschiedlich ausfallen? Hatte nicht Ernst Mach jeden, der in seiner Nähe von ›Atomen‹ sprach, kritisch gefragt: ›Ham's an's g'seh'n?‹«
»Ich will mich nicht mit dir über philosophische Spitzfindigkeiten streiten, Paul! Vielleicht hast du an meiner folgenden Redeweise nichts auszusetzen: Ein Staubteilchen ist ein Ding, ein Objekt. Ein subatomares Teilchen dagegen kann nicht als ›Ding‹ dargestellt werden. Die Quantentheorie sieht subatomare Teilchen als ›Tendenzen zu existieren‹ oder als ›Tendenzen zu geschehen‹. Ein solches Teilchen ist ein ›Quant‹, also eine Quantität, eine bestimmte Menge von irgend etwas. Was dieses ›irgend etwas‹ ist, bleibt Spekulation. Für uns Physiker ist es völlig irrelevant, diese Frage zu stellen. Arthur Eddington sagte einmal: ›Die glittigen Tob drehn und wibbeln in der Walle‹
Wir wissen zwar nicht, was die Elektronen im Atom tun, aber wir wissen, daß die Zahl der Elektronen wichtig ist. Man braucht nur Zahlen einzuführen, und aus dem Kauderwelsch wird Wissenschaft:
›Acht glittige Tobs wibbeln in der Sauerstoffwalle, sieben in der

Stickstoffwalle... Wenn eines dieser Tobs entschlüpft, so kleidet sich der Sauerstoff in das Gewebe des Stickstoffs und muß ihm in manchen Dingen ähnlich werden‹

Vorausgesetzt, die Zahlen blieben unverändert, könnten alle Fundamentalgrößen der Physik ins Kauderwelsch übersetzt werden.«

»Dann ist deine Wissenschaft nichts anderes als mathematisiertes Kauderwelsch!« entfuhr es Brak.

»Aber mit enormen technischen Erfolgen,« konterte Albertson.

»Über die Ambivalenz des technischen Fortschritts sollten wir ein andermal sprechen. Was ist eigentlich die Kopenhagener Deutung der Quantentheorie, die du schon öfters erwähnt hattest?«

»Diese Deutung, die nach dem Wohnort von Niels Bohr benannt ist, der zusammen mit Werner Heisenberg und einigen anderen zu ihren Wortführern gehörte, wird von Physikern am meisten akzeptiert. Zwar gibt es inzwischen interessante Ansätze zur Weiterentwicklung dieser Deutung, aber auf jeden Fall kommt auch heute noch kein Quantentheoretiker an ihr vorbei. Sie enthält vier zentrale Ideen, die ich zunächst nenne und dann einzeln erläutere:

1. die Störung des beobachteten Systems durch den Beobachter
2. die Unbestimmtheit
3. die Komplementarität
4. die Wahrscheinlichkeit

Zunächst zur ersten Idee: Im mesokosmischen Bereich unserer alltäglichen Erfahrungen, mit dem es die klassische Physik zu tun hat, und im makrophysikalischen Bereich der größten Entfernungen und weitesten Räume verändert der Beobachtungs- und Meßvorgang das untersuchte Objekt nicht in nennenswerter Weise. Beim Vordringen in den Mikrokosmos der atomaren und subatomaren Welt ist dies ganz anders. Beim Versuch, z.B. mit Hilfe eines Gammastrahlenmikroskops ein Elektron zu beobachten, wird dieses Teilchen durch das Photonenlicht bereits verändert.

Der Akt des Sehens beeinflußt die Position des Elektrons, da es mit einem Photon, das ja selbst ein Elementarteilchen ist, beschossen wird. Wenn im Experiment eine bestimmte Kollision von Teilchen beobachtet wird, ist nicht nur der Beweis unmöglich, daß das gleiche Ereignis so stattgefunden hätte, wenn es nicht beobachtet worden wäre; alles deutet vielmehr darauf hin, daß es nicht das gleiche gewesen wäre, da das erzielte Ergebnis von der Tatsache beeinflußt war, daß jemand danach gesucht hat.«

»Ich möchte mir dies einmal mit Hilfe eines Beispiels aus der Märchenwelt verdeutlichen, die sich uns durch deine Träume ja anbietet. Ich stelle mir vor, ich folgte einer Einladung von winzig kleinen Elfen zum Tee. Schon beim Versuch, mich in ihr kleines Zwergenhaus zu zwängen, geriete bereits alles durcheinander. Ohne es verhindern zu können, hätte ich bald ein zierliches Möbelstück zerstört und eine Teetasse zertreten. Ich vermute, daß sich die Beobachtung der Welt der Atome und Elementarteilchen mit dem Blick in ein solches Elfenhäuschen vergleichen läßt. Alles, was beobachtet werden kann, ist das Resultat von Aktionen wie etwa dem Öffnen der Haustür und der dadurch hervorgerufenen Erschütterung, der Zerstörung eines Möbelstücks und dem Zertreten einer winzigen Tasse usw. Die Frage stellt sich dann, ob das, was man da vor sich hat, wirklich ein normales Elfenhaus ist oder nicht etwas völlig anderes. Auch der behutsamste Versuch, Atome oder Elementarteilchen zu beobachten, ist für diese so zerstörerisch, daß es nicht einmal möglich ist, sich ein Bild davon zu machen.«

»Lincoln Barnett, der eine von Einstein autorisierte Darstellung der Relativitätstheorie geschrieben hat, hätte deinen Vergleich akzeptiert, Paul. Der BeobachtungsProzeß sei ein Eingriff, der die Vorgänge der Mikrowelt verändere und verzerre. Wenn man aber andererseits versuche, diese Welt von den Sinneswahrnehmungen zu trennen, bliebe nur ein mathematisches Schema übrig. Barnett hat in diesem Zusammenhang den Physiker mit einem Blinden verglichen, der versucht, Form und Struktur einer Schneeflocke zu ermitteln. Sobald er die Flocke mit seinem Finger oder seiner Zunge berührt, löst sie sich auf. In der Tat können ein Wellenelektron, ein Photon oder eine Wahrscheinlichkeitswelle nicht veranschaulicht werden. Sie sind lediglich Symbole, mit denen man die mathematischen Zusammenhänge im Mikrokosmos beschreiben kann.«

»Ist die Physik an dieser Stelle überhaupt noch eine empirische Naturwissenschaft? Reduziert sie sich möglicherweise im mikrokosmischen Bereich auf reine Mathematik?« fragte Brak.

»Das ist eine sehr gute Frage, mein Freund. Sie ist so gut, daß ich jetzt noch nicht darauf eingehen und dir erst noch die drei anderen Ideen der Quantentheorie erläutern möchte.

Heisenbergs revolutionäre Erkenntnis war, daß bei quantentheoretischen Meßvorgängen niemals Ort und Impuls bzw. Geschwindigkeit etwa eines Elektrons gleichzeitig genau bestimmt werden können. Anders gesagt: Die Lokalisation in Raum und Zeit und die energiebezogene Kennzeichnung sind zwei verschiedene Ebenen der Realität, die man nicht gleichzeitig mit Genauigkeit sehen kann. Die Genauigkeit der Ortsmessung wird mit dem Preis der Ungenauigkeit der Impulsmessung bezahlt und umgekehrt. Im Bereich der klassischen Physik war es nie ein Problem, Ort und Geschwindigkeit eines bewegten Objekts wie zum Beispiel ein Auto oder einen Fußball genau zu messen. In der Mikrophysik ist die Störung, die der Experimentator zwangsläufig auf sein Beobachtungsobjekt ausübt, unvermeidlich, und so war es kein Zufall, daß auch Heisenberg in seinen Unschärferelationen auf das Plancksche Wirkungsquantum, die Naturkonstante h stieß. Der

Zahlenwert dieses Wirkungsquantums ist es, das außerhalb der Mikrophysik natürlich vernachlässigt werden kann, bestimmt die unterste Grenze dieser Störung. Die Existenz dieses Wirkungsquantums ist es, welche die genaue Lokalisierung in Raum und Zeit und die exakte Bestimmung der dynamischen Vorgänge unmöglich macht. Die Störung während einer quantentheoretischen Messung ist in den von der Unbestimmtheitsbeziehung gesetzten Grenzen unvorhersagbar und unkontrollierbar. Nur wenn h = Null wäre, würde es möglich sein, von beiden zugleich eine genaue Kenntnis zu haben. Offenbar ist diese Unbestimmtheitsbeziehung ein Grundprinzip der Realität selbst. Atome und Elementarteilchen sind dann keine Dinge oder Gegenstände mehr, sondern Bestandteile von Beobachtungssituationen. Heisenberg schrieb einmal: ›Was wir beobachten, ist nicht die Natur selbst, sondern Natur, die unserer Art der Fragestellung ausgesetzt ist.‹

Niels Bohr drückte diese quantentheoretische Erfahrung ebenfalls aus, als er sagte, daß man beim Suchen nach der Harmonie im Leben niemals vergessen dürfe, daß wir im Schauspiel des Lebens gleichzeitig Zuschauer und Mitspielende seien.«

»Diese Theateranalogie gefällt mir,« sagte Brak, »suchst du in deinem kosmologischen Projekt auch nach Harmonie, nach Harmonie in der physikalischen Natur?«

»Im Grunde schon,« antwortete Albertson, »die Schönheit und Eleganz mathematischer Gleichungen und Formeln, ihre Symmetrie wird in meiner Zunft sehr geschätzt und gilt fast als eine Art Wahrheitskriterium.«

»Das ist ja in philosophischer Hinsicht hochinteressant! Darüber sollten wir auf jeden Fall später noch einmal ausführlich sprechen. Im übrigen habe ich zum Verhältnis von Mathematik und sinnlicher Erfahrung in Mikrophysik und Kosmologie noch eine Menge Fragen,« sagte Brak.

»Ich lasse mich von dir aber nicht aufs Glatteis unfruchtbarer philosophischer Exkursionen führen,« erwiderte Albertson lachend, »und will dir erst einmal die dritte zentrale Idee der Quantentheorie erläutern, die Bohr auch als ›Komplementarität‹ bezeichnet hat.
Louis de Broglie postulierte Mitte der zwanziger Jahre des 20. Jahrhunderts den Dualismus ›Welle-Teilchen‹, den die Physiker gerne wieder los sein wollten, als allgemeines Prinzip der Mikrowelt. Für alle schon bekannten Objekte wie Photonen, Elektronen, Protonen und für alle noch zu entdeckenden Mikroobjekte gelte die Beziehung Impuls $p = h/\lambda$, also der Impuls des Elektrons beispielsweise ist gleich dem Planckschen Wirkungsquantum h dividiert durch die Wellenlänge λ. De Broglie konnte die Vermutung bestätigen, daß auch die Materie selbst Wellencharakter hatte—und nicht nur das Licht. Seine Formel war ebenso neuartig und umwälzend wie die von Max Planck. Mit ihrer Hilfe ließen sich die Quantenbahnen in Bohrs Atommodell erklären: Das Atom war wie ein winziges gestimmtes Instrument. De Broglies mathematische Beziehungen hielten das winzige Elektron in seiner fein abgestimmten stehenden Welle im Gleichgewicht, vergleichbar einer Violinsaite, die in Schwingungen versetzt wird. Auch in dieser Formel drückt das Wirkungsquantum h die Verknüpfung zwischen Teilchen- und Wellenaspekt der Mikrowelt aus. Es war Heisenbergs und Bohrs Verdienst, hieraus das Vorhandensein einer gegenseitigen Begrenzung der Teilchen- und Wellenbilder abzuleiten.«
»Also kann man die Frage, was denn nun die Mikroobjekte *wirklich* sind, gar nicht mehr beantworten?«
»Bei dieser Frage versucht man, unsere beschränkte Alltagserfahrung, innerhalb derer solche Fragen auch sinnvoll sind, der Realität der Atome überzustülpen. Man kann leicht einsehen, was die

Mikroobjekte *nicht* sind. Nimm einmal folgende Aussage: ›Das Wellenmodell erklärt die Interferenzen‹ Diese Aussage ist richtig. Ist aber auch die Umkehrung richtig? Kann man also aus dem Vorhandensein von Interferenzen folgern, daß das Wellenmodell richtig ist?

Oder nimm diese Aussage: ›Das Teilchenmodell erklärt die punktförmige Schwärzung von Fotoplatten‹ Diese Aussage ist richtig. Doch ist der Umkehrschluß ebenfalls richtig, daß nämlich die punktförmigen Schwärzungen von Fotoplatten die Richtigkeit des Teilchenmodells beweisen?

Die Aussagen $p: (W \rightarrow I)$ und $p: (T \rightarrow F)$ sind richtig, deren jeweilige Umkehrungen $p: (W \leftarrow I)$ und $p: (T \leftarrow F)$ *a*ber sind nicht zwingend. Sie sind sogar falsch, denn das Teilchenmodell versagt bei der Vorhersage der Interferenzen, und das Wellenmodell versagt bei der Vorhersage der punktförmigen Schwärzung von Fotoplatten.«

»Das heißt also,« warf Brak ein, »daß die Mikroobjekte weder Welle noch Teilchen sind. Sie sind mehr als das eine oder das andere.«

»Bohr wollte beide anschaulichen Vorstellungen, Teilchen- und Wellenbild, gleichberechtigt nebeneinander stehen lassen und meinte, daß diese Vorstellungen sich zwar gegenseitig ausschließen würden, aber erst beide zusammen eine vollständige Beschreibung der atomaren Prozeße ermöglichten. Dies nannte er ›Komplementarität‹.«

»In einem Märchen wird einmal auf die Frage ›Wie lange dauert die Ewigkeit?‹ geantwortet: ›Am Ende der Welt steht ein Berg, ganz aus Diamant, und alle hundert Jahre fliegt ein Vogel dorthin und wetzt seinen Schnabel am Berg; wenn dieser Berg ganz abgetragen ist, dann wird erst eine Sekunde der Ewigkeit vergangen sein.‹ Kann man auf die Frage, was und wie denn die Wirklichkeit eigentlich sei, anders antworten, Daniel?«

»Du immer mit deinen poetischen Vergleichen! Dich haben die

Philosophie und Literatur verdorben. Für uns Physiker stellt sich eine solche Frage nicht, das habe ich doch schon einmal gesagt!« reagierte Albertson gereizt.

»Mein lieber Freund,« erwiderte Brak mit gespielt strengem Ton, »höre jetzt einmal bitte gut zu! Die beiden Fundamentaltheorien deiner Wissenschaft, die du mir zu erklären versucht hast, enthalten mehr Fragen als Antworten. Meinst du etwa, daß durch die Relativitätstheorie geklärt wäre, was *Zeit* ist? Ihr Physiker setzt einfach mathematische Symbole ein, wie etwa ein *t* für ›Zeit‹, oder konstruiert gar eine imaginäre Zeitkoordinate bzw. eine imaginäre Zeit, wie du es tust, und glaubt dann, ihr wäret einen Schritt weiter gekommen, nur weil sich damit irgendwie rechnen läßt! Die Quantentheorie führt direkt in erkenntnistheoretische und ontologische Problemzusammenhänge hinein—also in zwei philosophische Grunddisziplinen, in denen sich innerhalb unserer abendländischen Tradition seit über 2500 Jahren die größten Denker, Philosophen und Theologen sehr große Mühe gegeben haben! Du machst es dir mit deinem ironisch-distanzierten Verhältnis zur Philosophie viel zu einfach. Muß ich dich noch einmal an Albert Einstein erinnern, der vor einer Geringschätzung der Philosophie gewarnt hat, um Banausentum in der Wissenschaft zu verhindern? Es ist doch kein Zufall, daß die Mitbegründer der Quantentheorie, deine Kollegen Max Planck, Niels Bohr, Werner Heisenberg, Erwin Schrödinger und noch einige andere sich immer wieder auch mit den philosophischen Fragen beschäftigt haben, die durch die neue Physik zwangsläufig erzeugt wurden! Du solltest z.B. einmal Heisenbergs Schriften ›Der Teil und das Ganze‹ und ›Quantentheorie und Philosophie‹ lesen, das würde dir bestimmt gut tun!« Brak war nun doch sichtlich verärgert über die ignorante Haltung seines Freundes, was dieser bemerkte.

»Rege dich nicht auf, Paul! Physik ist Physik, und Philosophie ist

Philosophie! Man kann sehr wohl das eine tun und das andere lassen. Daß die Gründungsväter der neuen Physik philosophische Probleme diskutierten, hing mit der Grundlagenkrise zusammen, in die meine Wissenschaft bei der Erforschung des Mikrokosmos gestürzt wurde. Diese Phase ist aber längst abgeschlossen. In meiner Physikergeneration spielt die Beschäftigung mit philosophischen Themen keine Rolle mehr.«

»Das merkt man am Niveau,« entfuhr es Brak unwillig, »die Frage ist nur, ob ihr auf Dauer mit dieser simplen Revierabgrenzung weiterkommt. Aber darüber sollten wir zu einem späteren Zeitpunkt noch einmal sprechen. Ich werde allmählich müde, und du hast noch nicht über die vierte Idee der Quantentheorie gesprochen; ich glaube, das war die ›Wahrscheinlichkeit‹.«

»Wie ich vorhin schon ausführte, verändert die Beobachtung im Mikrobereich den Zustand des Systems in zweifacher Weise: einmal durch den Eingriff, der die Beobachtung ermöglicht und der in dem Gebiet, in dem es sich um unstetige Änderungen der kleinsten Materieeinheiten handelt, nicht mehr beliebig klein gemacht und nicht mehr in seinen Auswirkungen genau kontrolliert werden kann. Außerdem dadurch, daß jede Beobachtung die Kenntnis des Systems verändert. Dieser Inhalt, also der Zustand des Systems, ist lediglich eine Kenntnis des möglichen oder wahrscheinlichen Verhaltens.

Was von einem atomaren System gewußt werden kann, bezeichnet nur Wahrscheinlichkeiten dafür, daß ein bestimmtes Resultat gefunden werden wird, wenn eine Eigenschaft des Systems untersucht wird. Wir Physiker drücken das durch die Wellenfunktion ψ aus, wodurch der jeweilige Stand der Kenntnisse eines Beobachters bezüglich der physikalischen Wirklichkeit bestimmt wird, die er erforscht. Die Quantentheorie kommt also nicht mehr zu einer objektiven Beschreibung der Außenwelt. Sie liefert lediglich eine

Beziehung zwischen dem Zustand der Außenwelt und den Kenntnissen des jeweiligen Beobachters. Eben diese Beziehung hängt aber von den Beobachtungen und Messungen des Beobachters ab, und es sind nur mehr wahrscheinliche Voraussagen möglich. Die ψ-Welle stellt die Kenntnis eines Beobachters hinsichtlich des untersuchten Systems dar. Die quantentheoretischen Gesetze sind Wahrscheinlichkeitsgesetze.«

»Dies bedeutet doch im Gegensatz zum Realitätskonzept der klassischen Physik, daß eine experimentelle Beobachtung nur im Rahmen des Experiments Gültigkeit besitzt und nicht dazu benutzt werden kann, Einzelheiten von Dingen zu ergänzen, die nicht beobachtet wurden?«

»So ist es, Paul!«

»Und diese Theorie willst du mit der allgemeinen Relativitätstheorie vereinigen, die doch eine Theorie der klassischen Physik ist?«

»Das habe ich vor, mein Freund! Anders kann ich das kosmologische Problem des Anfangs unseres Universums nicht lösen.«

»Und du hast bisher keine erkenntnistheoretischen Kopfschmerzen gehabt?« fragte Brak lächelnd.

»Diese Art von Kopfschmerzen kenne ich nicht. Das ist der Vorteil, wenn man die Philosophie außen vor läßt!« parierte Albertson Braks Frage. »Nun gut, dann erkläre mir wenigstens noch die Kopenhagener Deutung der Quantentheorie.«

»Nichts ist real, ehe es nicht beobachtet wurde; und es hört auf, real zu sein, sobald niemand mehr hinschaut. Im Zentrum der Kopenhagener Deutung steht Bohrs Behauptung, daß alle Experimente in klassischen Begriffen beschrieben werden müßten, also: Was beobachtet wurde, existiert gewiß. Bezüglich dessen, was nicht beobachtet worden ist, haben wir die Freiheit, Annahmen über seine Existenz oder Nicht-Existenz einzuführen. Zugleich aber wurde der Geltungsbereich dieser klassischen Begriffe durch

Heisenbergs ›Unschärferelation‹ begrenzt. Quantentheoretisch besteht ein ›Ereignis‹ aus einer Reihe von Anfangs- und Endbedingungen, nicht mehr und nicht weniger. Auf der einen Seite einer Apparatur verläßt beispielsweise ein Elektron die Kanone, und auf der anderen Seite der Löcher kommt es bei einem bestimmten Detektor an. Dies ist ein Ereignis. Die Wahrscheinlichkeit eines Ereignisses ist gegeben durch das Quadrat einer Zahl, die im wesentlichen die Wellenfunktion ψ ist. Teilchen scheinen nur dann real zu sein, wenn man sie betrachtet. Sogar eine Eigenschaft wie der Impuls oder Ort ist lediglich ein künstliches Produkt der Beobachtung.«

»Daß Einstein diese Physik sein Leben lang bekämpfte, hattest du schon gesagt, Daniel. Aber er war ja wohl nicht der einzige, der Probleme mit der Quantentheorie hatte.«

»Ja, neben Max Planck war es auch Erwin Schrödinger, der wichtige Erkenntnisse zur Wellenfunktion ψ lieferte. Ehe ich dir von Schrödingers Katze erzähle, muß ich dir noch vom berühmten Gedankenexperiment des Dreigestirns Einstein-Podolsky-Rosen berichten, das man seither als EPR-Paradoxon bezeichnet. Im Grunde handelt es sich aber gar nicht um ein Paradoxon, na ja. Einstein war immer überzeugt, daß die Kopenhagener Deutung mit ihrer Unbestimmtheit, die sie enthält, und dem Mangel an strenger Kausalität als letzte gültige Beschreibung der realen Welt nicht das letzte Wort sein könne. Der Kern des Arguments seiner 1935 zusammen mit Podolsky und Rosen verfaßten Arbeit besteht darin, daß die Kopenhagener Deutung als unvollständig aufgefaßt werden muß—daß es also doch so etwas wie ein *Uhrwerk* gibt, welches das Universum in Gang hält und nur aufgrund von statistischen Schwankungen auf der Quantenebene den Anschein der Unbestimmtheit und Unvorhersagbarkeit erweckt. Es gibt nach Einsteins Auffassung eine objektive Realität, eine Welt der Teilchen, die einen genau bestimmten Impuls und einen genau bestimmten Ort haben, selbst wenn man sie nicht beobachtet. Er und seine Mitarbeiter dachten sich zwei Teilchen, die miteinander wechselwirken und dann auseinander fliegen, ohne mit irgendetwas sonst wechselzuwirken, bis der Experimentator eines von ihnen untersucht. Jedes Teilchen hat seinen eigenen Impuls und befindet sich an einem bestimmten Ort im Raum. Auch nach den quantentheoretischen Regeln kann man den Gesamtimpuls der beiden Teilchen und den Abstand zwischen ihnen zu dem Zeitpunkt, da sie dicht beieinander waren, exakt messen. Wenn nun sehr viel später der Impuls eines der Teilchen gemessen wird, weiß man automatisch, wie groß der Impuls des anderen sein muß, da sich die Summe nicht verändert haben kann. Nach der Impulsmessung ist nun auch die Messung des exakten Ortes des gleichen Teilchens möglich. Zwar wird dadurch der Impuls *dieses* Teilchens gestört, aber vermutlich nicht der Impuls des anderen weit entfernten Teilchens. Aus der Ortsmessung kann der gegenwärtige Ort des anderen Teilchens abgeleitet werden, da sein Impuls und der Punkt, an dem sich die Teilchen getrennt haben, bekannt sind. Entgegen dem Unbestimmtheitsprinzip sind sowohl der Ort als auch der Impuls des fernen Teilchens ableitbar. Dies gilt, oder aber die Messungen, die an dem Teilchen *hier* vorgenommen wurden, haben seinen Partner *dort* in Verletzung der Kausalität beeinflußt—und zwar durch eine augenblickliche ›Mitteilung‹, die den Raum durchquert, also durch eine sogenannte ›Fernwirkung‹. Würde man die Kopenhagener Deutung akzeptieren, so wäre die Realität von Ort und Impuls des zweiten Systems nach Einstein und seinen Mitarbeitern vom Prozeß der Messung abhängig, die am ersten System vorgenommen wird, welches das zweite System in keiner Weise stört:

›Man kann von keiner vernünftigen Definition von Realität erwarten, daß sie dies zuläßt‹ (Einstein/Podolsky/Rosen). Was aber war eine ›vernünftige‹ Definition der Realität? Bohr und seine Kollegen konnten mit einer Realität bzw. Realitätsauffassung leben, in der Ort und Impuls des zweiten Teilchens keine objektive Bedeutung hatten, solange sie nicht gemessen wurden—gleichgültig, was mit dem ersten Teilchen gemacht wurde. Es mußte eine Entscheidung zwischen einer Welt der objektiven Realität und der Quantenwelt getroffen werden. Einstein hielt mit einer sehr kleinen Minderheit an der Vorstellung einer objektiven Realität fest und verwarf die Kopenhagener Deutung.«

»Mich wundert, daß du noch immer nicht die philosophische Brisanz bemerkst, die in dieser Kontroverse steckt,« meinte Brak, »was hat denn nun den Sieg der Quantentheorie herbeigeführt? Schließlich kann eine solche Entscheidung zwischen verschiedenen Realitätskonzepten nicht allein durch Gedankenexperimente fundiert werden.«

»Mitte der sechziger Jahre brachte eine Arbeit des Physikers John Bell den Durchbruch: Sein Test bestätigte die Vorhersagen der Quantentheorie, und seit der Veröffentlichung der Experimente von Alain Aspect 1982 zweifelt niemand mehr ernsthaft am Erfolg der Quantentheorie. Seitdem gilt die Nichttrennbarkeit von Systemen als einer der gesichertsten allgemeinen Begriffe der Physik. Es muß akzeptiert werden, daß buchstäblich alles mit allem zusammenhängt und die Quantentheorie eine holistische Theorie ist, in der das Ganze mehr ist als die Summe seiner Teile.«

»Erkläre dies bitte noch genauer, Daniel.«

»Das Aspect-Experiment und seine Vorläufer bieten ein ganz anderes Realitätskonzept, als unser Alltagsverstand erwarten läßt. Diese Versuche zeigten, daß Teilchen, die irgendwann einmal in einer Wechselwirkung zusammen waren, in einem gewissen Sinne Teile eines einzigen Systems sind, das insgesamt auf Wechselwirkungen reagiert. Alles, was wir sehen und anfassen können, besteht aus Anhäufungen von Teilchen, die mit anderen Teilchen einmal wechselwirkten, bis hin zurück zum Urknall. Dies gilt natürlich auch für die Teilchen, aus denen unsere Körper bestehen, und so sind auch wir beide ebenso Bestandteile eines einzigen Systems—wie die zwei Photonen, die beim Aspect-Experiment auseinander flogen. Wenn dir das paradox vorkommt, dann denke an das, was Richard Feynman einmal gesagt hat, daß nämlich das Paradoxe lediglich ein Konflikt zwischen der Realität und deinem Gefühl sei, was Realität ›sein sollte‹.«

»Zu gerne würde ich dich mit einer anthropomorphen romantischen Formulierung provozieren: Zwei Herzen, die sich einmal fanden, sind durch diese Begegnung verwandelt. Sie bilden, wie deine wechselwirkenden Elementarteilchen, ein untrennbares Ganzes, das für alle Zeiten durch die Vereinigung geprägt ist.«

»Höre bloß mit diesem Kitsch auf, Paul, aber natürlich trifft dein Vergleich eine quantentheoretische Erfahrung.«

Brak lächelte und bat seinen Freund, ihm noch etwas über Schrödingers Katze zu erzählen.

»Schrödinger mochte die Quantentheorie nicht und bedauerte, sich überhaupt mit ihr beschäftigt zu haben. Um zu zeigen, daß die Kopenhagener Deutung einen Fehler enthält, hatte er sich das folgende Gedankenexperiment ausgedacht:

Man denke sich eine Kiste, in der sich eine radioaktive Quelle befindet, einen Geigenzähler, der das Vorhandensein radioaktiver Teilchen feststellt, eine Glasflasche mit Zyanid und eine lebende Katze. Der Geigerzähler ist so eingestellt, daß er gerade lange genug angeschaltet ist, so daß sich eine Chance von 50 Prozent dafür ergibt, daß eines der Atome des radioaktiven Materials zerfällt und der Geigerzähler ein Teilchen registriert. Nimmt der Zähler tatsächlich ein solches Ereignis wahr, wird die Glasflasche durch einen Hammer zertrümmert, und die Katze stirbt. Die Katze lebt, wenn dies nicht geschieht. Wir wissen das Ergebnis dieses Experiments erst, wenn wir nach dem Öffnen der Kiste in sie hineinschauen. Der radioaktive Zerfall vollzieht sich zufällig und ist nur in einem statistischen Sinn vorhersagbar. So wie beim Doppelspalt-Experiment nach der Kopenhagener Deutung eine gleiche Wahrscheinlichkeit dafür besteht, daß das Elektron durch den einen oder den anderen Spalt geht und die beiden überlappenden Möglichkeiten zu einer Überlagerung von Zuständen führen, müßte sich auch hier aus den gleichen Wahrscheinlichkeiten für einen radioaktiven Zerfall und für keinen radioaktiven Zerfall eine Überlagerung von Zuständen ergeben. Das ganze Experiment steht unter der Regel, daß die Überlagerung solange ›real‹ ist, bis wir nachschauen, was aus dem Experiment geworden ist, und daß erst im Augenblick der Beobachtung die Wellenfunktion zu einem der beiden Zustände kollabiert. Vor dem Akt der Beobachtung gibt es eine radioaktive Probe, die sowohl zerfallen als auch nicht zerfallen ist, eine Giftflasche, die weder zerbrochen noch unzerbrochen ist, und eine Katze, die sowohl tot als auch lebendig bzw. weder lebendig noch tot ist.

Die Vorstellung etwa eines Elektrons, das sich weder hier noch dort, sondern in einer Überlagerung von Zuständen befindet, mag noch angehen. Sehr viel schwerer aber fällt es, sich eine Katze vorzustellen, die sich in einer solchen Art von Scheintod befindet. Offensichtlich kann die Katze nicht gleichzeitig lebendig und tot sein. Schrödinger beschrieb die ψ-Funktion des Systems vor der Beobachtung durch den Satz: ›Die halbe lebende und die halbe tote Katze sind durch den ganzen Kasten verschmiert‹.

Das ergibt aber offenbar keinen Sinn. Erst durch die Beobachtung wird das Wellenpaket reduziert. Von zwei Möglichkeiten (lebendig oder tot) hat sich nach der Messung eine verwirklicht. Aber wie

gelangt man von einer tot-lebendigen Katze zu einer toten oder lebendigen? Durch welchen Mechanismus hat sich das Wellenpaket reduziert? Durch das Öffnen des Kastens? Befördert der bloße Vorgang des Beobachtens sie vom Leben zum Tod? Oder war sie vorher schon in dem beim Öffnen festgestellten Zustand?
Auf diese Fragen gibt es unterschiedliche Antworten. Eine jede verweist auf eine spezielle Interpretation der Quantentheorie.«
»Welche Deutungen sind denn hier möglich?« wollte Brak wissen.
»Ich nenne dir zwei Möglichkeiten. Die eine wurde von Eugene Wigner vorgeschlagen, der im Gedankenexperiment an die Stelle der Katze einen Menschen setzte, der auch als Wigners Freund bezeichnet wird. Dieser ist ein kompetenter Beobachter, der die quantenmechanische Fähigkeit besitzt, Wellenfunktionen zum Kollaps zu bringen. Wenn wir die Kiste in der Annahme öffnen, ihn noch lebend anzutreffen, wird er einfach sagen, die radioaktive Quelle habe innerhalb der festgesetzten Frist keine Teilchen erzeugt. Dennoch können wir als Beobachter außerhalb der Kiste die Verhältnisse innerhalb derselben nur als eine Überlagerung von Zuständen so lange beschreiben, bis wir nachschauen. Es ergibt sich so eine endlose Kette. Nehmen wir einmal an, das Experiment wäre im voraus einer interessierten Öffentlichkeit angekündigt worden. Um Störungen durch neugierige Reporter zu vermeiden, wäre es hinter verschlossenen Türen durchgeführt worden. Die Reporter draußen wüßten immer noch nicht, was los ist, auch wenn wir die Kiste geöffnet und entweder Wigners Freund begrüßt oder seine Leiche herausgezogen hätten. Für sie ist das gesamte Gebäude, in dem sich das Laboratorium befindet, eine Überlagerung von Zuständen.
Dies kann bis zu einem unendlichen Regreß fortgesetzt werden.«
»Was folgt nun daraus?« fragte Brak.
»Anders als das EPR-Gedankenexperiment hat dieses Experiment

tatsächlich einen paradoxen Beigeschmack. Es läßt sich mit der Kopenhagener Deutung nicht vereinbaren, wenn man nicht die Realität einer lebendig-toten Katze akzeptiert. Wigner und sein Kollege John Wheeler haben deshalb die Möglichkeit in Erwägung gezogen, daß wegen des unendlichen Regresses von Ursache und Wirkung das ganze Universum seine reale Existenz allein der Tatsache verdanken könnte, daß es von intelligenten Wesen beobachtet wird.«

»Das erinnert mich sehr an den irischen Philosophen George Berkeley, der in der ersten Hälfte des 18. Jahrhunderts gesagt hat: ›esse est percipi‹, die Existenz der Welt ist untrennbar mit der Existenz von Subjekte verbunden, die sie wahrnehmen,« warf Brak ein.

»Jedenfalls faßt Wheeler das ganze Universum als einen teilnehmenden, selbstangeregten Kreislauf auf: Beginnend mit dem Urknall dehne sich das Universum aus und kühle ab, und nach vielen Milliarden von Jahren bringe es Wesen hervor, die in der Lage sind, das Universum zu beobachten. Die Akte der Beobachterteilnahme würden ihrerseits dem Universum faßbare Realität verleihen—jetzt und rückwirkend bis zum Anfang. Demnach könnte es sein, daß durch die Beobachtung der Photonen der kosmischen Hintergrundstrahlung, die ein Echo des Urknalls sind, dieser und das Universum erschaffen werden.

Mir ist das allerdings zuviel Metaphysik, genauso wie die zweite Interpretation, die Theorie der ›Vielwelten‹. Sie wurde von Hugh Everett vorgeschlagen und besagt, daß das Wellenpaket durch die Messung nicht auf eine einzige Möglichkeit reduziert wird. Die jeweils andere Möglichkeit verschwindet nicht, Schrödingers Katze ist gleichzeitig lebendig und tot, aber in zwei oder mehr verschiedenen Welten.«

»Jetzt verstehe ich gar nichts mehr, Daniel. Wie kommt denn einer auf so eine Idee? Wird bei euch Physikern und Kosmologen eigentlich begrifflich zwischen ›Welt‹, ›Universum‹ und ›Kosmos‹ unterschieden?«

»Davon ist mir nichts bekannt. Everett erschien es merkwürdig, daß nach der Kopenhagener Deutung Wellenfunktionen auf magische Weise kollabieren, wenn man sie beobachtet. Die Wellenfunktion muß immer wieder kollabieren, falls ich in einem geschlossenen Raum ein Experiment durchführe, dann herauskomme und dir das Ergebnis mitteile, daß du dann einem Freund in London oder anderswo mitteilst, der es wiederum einem anderen erzählt usw. Bei jedem Schritt wird die Wellenfunktion komplexer und umfaßt mehr von der realen Welt. Auf jeder Stufe bleiben die Alternativen aber gleichermaßen gültige, einander überlappende Realitäten, bis die Nachricht vom Ergebnis des Experiments eintrifft. Man kann sich auch vorstellen, daß sich die Nachricht auf diese Weise durch das ganze Universum ausbreitet, bis sich dieses in einem Zustand von überlappenden Wellenfunktionen befindet, von alternativen Realitäten, die erst im Moment der Beobachtung zu einer einzigen Welt kollabieren. Wer aber beobachtete das Universum? Da das Universum seiner Definition nach in sich geschlossen ist, enthält es alles. Es gibt also keinen äußeren Beobachter, der die Existenz des Universums bemerkt und dadurch sein komplexes Geflecht von miteinander wechselwirkenden alternativen Realitäten zu einer einzigen Wellenfunktion kollabieren läßt.«

»Aber Wheelers Annahme, daß wir selbst der entscheidende Beobachter sind, der durch rückwirkende Kausalität bis zurück zum Urknall wirksam ist, scheint doch eine Möglichkeit zu sein, aus diesem Dilemma herauszukommen,« gab Brak zu bedenken.

»Aber leider enthält diese Deutung einen Zirkel, der ebenso rätselhaft ist wie das Rätsel, das damit gelöst werden soll,« erwiderte

Albertson und fuhr fort: »Everetts Vielwelten-Interpretation scheint eine befriedigendere Möglichkeit zu sein. Sie geht dahin, daß die einander überlagernden Wellenfunktionen des gesamten Universums, also die alternativen Realitäten, durch deren Wechselwirkung auf der Quantenebene meßbare Interferenz entsteht, gar nicht kollabieren. Sie sind alle gleichermaßen real und existieren in ihrem jeweiligen Teil des Hyperraums und der Hyperzeit.«

»Du liebe Zeit!« unterbrach Brak seinen Freund, »noch ist nicht einmal geklärt, was Raum und Zeit sind und ob und wie sie möglicherweise zusammenhängen, da erfindet ihr in eurer Wissenschaft schon den Hyperraum und die Hyperzeit. Wahrscheinlich ist der Hyperraum ein fiktiver Raum, in den man sich Teile des gekrümmten Raumes unseres Universums eingebettet denken kann. Wo soll das noch hinführen?«

»Das werden wir ja sehen,« antwortete Albertson, »auf jeden Fall bedeutet Everetts Interpretation für Schrödingers Katze, daß es in der Kiste gleichermaßen reale Wellenfunktionen für eine lebendige Katze und eine tote Katze gibt.«

»Das wird den Tierschutzverein nur wenig trösten,« unterbrach Brak erneut nicht ganz ernsthaft Albertsons Ausführungen, der sich dadurch aber nicht aus dem Konzept bringen ließ.

»Die Kopenhagener Deutung sieht das anders und sagt, daß beide Wellenfunktionen gleichermaßen *unreal* sind und nur eine von ihnen Wirklichkeit wird, wenn wir in die Kiste hineinschauen. Everett sagt, beide Katzen sind real, sie befinden sich nur in verschiedenen Welten: Das radioaktive Atom in der Kiste ist sowohl zerfallen als auch nicht zerfallen. Vor eine Entscheidung gestellt, hat sich das Universum in zwei Versionen seiner selbst gespalten, die in jeder Hinsicht identisch sind, außer daß in der einen Version das Atom zerfallen und die Katze tot ist, während in der anderen das Atom nicht zerfällt und die Katze lebt.«

»Wo verläuft in der Quantentheorie und modernen Kosmologie eigentlich die Grenze zwischen Science, Science-fiction und Fantasy, Daniel?«

»Das ist eine gute Frage, Paul. Everetts Deutung beruht allerdings auf einwandfreien mathematischen Gleichungen, die sich widerspruchsfrei und logisch als Konsequenz aus der Quantenmechanik ergeben können. Ihr entscheidender Mangel ist, daß sie versucht, die Kopenhagener Deutung von ihrem angestammten Platz in der Physik zu verdrängen. Sie wurde daher von unserer Physikergemeinschaft weitgehend ignoriert.«

»Bei allem Respekt vor der mathematischen Kreativität in deiner Zunft: Ich dachte immer, Physik sei in allen ihren Teildisziplinen eine empirische Naturwissenschaft, die der sinnlichen Erfahrung und Überprüfung bedarf!
Wie deutest denn du nun das quantentheoretische Katzen-Gedanken-Experiment?«

»Ich akzeptiere die Kopenhagener Deutung, da sie weniger metaphysischen Ballast als die anderen Interpretationen enthält. Am liebsten wäre es mir aber, man könnte die Theorie über die verborgenen Variablen stark machen.
Diese Theorie würde das Katzenproblem mit der Annahme lösen, daß der Endzustand der Katze faktisch durch Parameter vorbestimmt ist, deren Wert man zwar nicht kennt, die aber vorab genau festlegen, wann das Atom zerfällt. Liegt der Zeitpunkt vor dem Öffnen der Kiste, trifft man die Katze tot an, tritt er später ein, bleibt die Katze am Leben.«

»Diese Theorie hätte Einstein auch gefallen, richtig?«

»Ja, allerdings ist es sehr unwahrscheinlich, sie heute durchzusetzen. Heisenbergs Unbestimmtheitsrelation steht dem wohl für immer entgegen.«

»Deine Ausführungen zur Quantentheorie bestätigen meine Vermutung, daß die theoretische Physik philosophisch unglaublich interessant ist. Möglicherweise ist die Quantentheorie sogar die bedeutsamste philosophische Entdeckung des 20. Jahrhunderts—und dies schon allein deshalb, weil hier u.a. die Frage auftaucht, wo eigentlich die Grenze zwischen erkennendem Subjekt und zu erkennendem Objekt verläuft.«

»Das vermag ich nicht zu beurteilen, Paul. Auf jeden Fall ist sie die wichtigste Entdeckung der modernen Physik. Die philosophischen Aspekte sehe ich nicht und wenn es welche gäbe, wären sie innerhalb meiner Wissenschaft ohne Bedeutung.«

»Deine Haltung ist ein eindrucksvolles Beispiel für Martin Heideggers Aussage: ›Die Wissenschaft denkt nicht.‹«

»Diese unverschämte Behauptung weise ich zurück, Paul!« Albertson war verärgert, aber bevor er weitersprechen konnte, sagte Brak: »Ich bin sehr müde und brauche erst einmal eine längere Phase, um das alles zu verarbeiten, was ich von dir gehört habe. Bist du einverstanden, wenn ich dich in 14 Tagen wieder besuche? Bis dahin will ich deine Bücher und noch einige andere Beiträge zur modernen Physik gründlich lesen. Ich möchte dein Arbeitsprojekt so genau wie möglich verstehen. Warum sind die Schwarzen Löcher so wichtig, wieso brauchst du das Konzept einer imaginären Zeit und was ist darunter zu verstehen? Kann die Relativitätstheorie als Theorie der klassischen Physik mit der nicht-klassischen Quantentheorie überhaupt verbunden werden? Welche Rolle spielt die Mathematik in deiner Wissenschaft—und welche die sinnliche Erfahrung? Welches Verhältnis besteht zwischen Physik und Meta-Physik?«

»Okay, Paul. Wir können ja demnächst über alles sprechen.«

»Über fast alles,« korrigierte Brak seinen Freund, »vergiß bitte Ludwig Wittgenstein nicht!«

»Und du vergißt bitte meinen Traum nicht, der mir noch lange nicht klar ist!« konterte Albertson.

Brak nickte, und nach einer kurzen, aber herzlichen Verabschiedung verließ er seinen Freund, der mit Hilfe des Butlers zunächst einmal die eingegangene Post studierte.

DER ABSTURZ

oder

DAS BAND VON MÖBIUS

Brak kam erschöpft zu Hause an. Er war froh, einige Wochen Ferien zu haben und vom Ballast der Lehrveranstaltungen befreit zu sein. So konnte er sich in Ruhe auf die schwierigen Themen konzentrieren, mit denen ihn sein Freund konfrontierte. Zwar hatte er schon früher aus philosophischem Interesse die eine oder andere Einführung zur Relativitäts- und Quantentheorie gelesen, aber erst durch die Gespräche mit seinem Freund war das Gefühl entstanden, etwas mehr von den zentralen Problemen der modernen Physik verstanden zu haben. Bevor er sich an die Lektüre von Albertsons Büchern machte, ging er erst einmal einige Stunden in die Sauna—ohne psychosomatische Entschlackung und Reinigung war an eine fruchtbare Lesephase nicht zu denken.
Anschließend machte er noch einen ausgedehnten Waldspaziergang, kochte sich eine Kanne Tee und vertiefte sich in die Bücher seines Freundes, um sich auf das nächste Gespräch vorzubereiten. Albertson ging es offensichtlich um die alte Frage, wer zuerst da war: die Henne oder das Ei. Hatte das Universum einen Anfang,

und wenn, was geschah davor? Woher kommt das Universum, und wohin entwickelt es sich? Die Entdeckung des sich ausdehnenden Universums durch Hubble war eine der revolutionären Erkenntnisse des 20. Jahrhunderts. Das Universum ist also im Gegensatz zu den kosmologischen Annahmen Einsteins *nicht* statisch. Der russische Physiker und Mathematiker Alexander Friedmann versuchte dies zu erklären, indem er von zwei Hypothesen über das Universum ausging: daß es stets gleich aussehe, in welche Richtung auch immer man blickt, und daß diese Voraussetzung auch dann gelte, wenn man das Universum von einem beliebigen anderen Punkt aus betrachtet. In seinem Modell bewegen sich alle Galaxien direkt voneinander fort, vergleichbar dem gleichmäßigen Aufblasen eines Luftballons, auf den Punkte gemalt sind. Während sich der Ballon ausdehnt, wächst der Abstand zwischen jedem beliebigen Punktepaar, ohne daß man einen der Punkte als Zentrum der Ausdehnung bestimmen könnte.

Es gibt drei verschiedene Modelle, die Friedmanns Grundannahmen entsprechen:

1. Das Universum expandiert so langsam, daß die Massenanziehung zwischen den verschiedenen Galaxien die Expansion bremst und schließlich zum Stillstand bringt. Danach bewegen sich die Galaxien aufeinander zu, und das Universum zieht sich zusammen.

2. Das Universum dehnt sich so rasch aus, daß die Schwerkraft dem Expansionsvorgang nicht Einhalt zu bieten vermag, wenn sie ihn auch ein wenig verlangsamt.

3. Das Universum expandiert gerade so rasch, daß die Umkehr der Bewegung in den Kollaps vermieden wird. Die Geschwindigkeit, mit der die Galaxien auseinanderdriften, wird kleiner und kleiner, ohne allerdings jemals ganz auf Null zurückzugehen.

Im ersten Modell ist das Universum nicht unendlich im Raum,

der Raum hat aber auch keine Grenze. Durch die Stärke der Gravitation wird der Raum in sich selbst zurückgekrümmt und bekommt so eine Ähnlichkeit mit der Erdoberfläche. Auf dieser kommt man wieder zum Ausgangspunkt zurück, wenn man sich ständig in eine bestimmte Richtung bewegt, ohne an eine unüberwindliche Grenze gestoßen oder über den Rand gefallen zu sein. Genauso ist der Raum beschaffen, er hat allerdings im Unterschied zur Erdoberfläche drei statt zwei Dimensionen. Auch die vierte Dimension, die Zeit, ist von endlicher Ausdehnung. Sie ist wie eine Linie mit zwei Enden oder Grenzen, einem Anfang und einem Ende.

Brak konnte diese Gedanken seines Freundes in dessen Buch ›Eine kurze Geschichte der Zeit‹ nachvollziehen. Nun wollte Albertson aber die allgemeine Relativitätstheorie und die Unschärferelation der Quantentheorie kombinieren, wodurch Raum und Zeit endlich wären, ohne Ränder oder Grenzen zu haben. Dies verstand Brak nicht.

Im ersten Modell krümmt sich der Raum in sich selbst zurück wie die Erdoberfläche, weshalb er in seiner Ausdehnung begrenzt ist.

Im zweiten Modell ist die Ausdehnung endlos und der Raum umgekehrt gekrümmt, wie die Oberfläche eines Sattels. In diesem Fall ist der Raum unendlich.

Im dritten Modell, das genau die kritische Expansionsgeschwindigkeit aufweist, ist der Raum flach und ebenfalls unendlich.

Die Frage, welches dieser Modelle nun unser Universum beschreibt, kann nur beantwortet werden, wenn man die gegenwärtige Expansionsgeschwindigkeit des Universums und seine augenblickliche durchschnittliche Dichte kennt.

Liegt die Dichte unter einem bestimmten kritischen Wert, so wird die Gravitation zu schwach sein, um der Expansion Einhalt zu gebieten. Liegt die Dichte über dem kritischen Wert, wird die Gravitation die Ausdehnung irgendwann zum Stillstand bringen und das Universum wieder in sich zusammenstürzen lassen, wie im ersten Modell beschrieben.

Bezüglich beider Werte, Expansionsgeschwindigkeit und durchschnittliche Dichte, herrscht leider Unsicherheit. Welches der drei Modelle auch immer zutreffen mag, ihnen allen ist gemeinsam, daß der Abstand zwischen den benachbarten Galaxien irgendwann in der Vergangenheit vor 10 bis 20 Milliarden Jahren Null gewesen ist.

Zu diesem Zeitpunkt, dem sogenannten *Urknall,* wären die Dichte des Universums und die Krümmung der Raumzeit unendlich gewesen.

Die Mathematik kann mit unendlichen Zahlen nicht rechnen. Dies bedeutet, daß die allgemeine Relativitätstheorie, auf der Friedmanns Modelle beruhen, einen Punkt im Universum voraussagt, an dem die Theorie zusammenbricht. Die Mathematiker nennen diesen Punkt auch *Singularität.* Brak wurde an dieser Stelle klar, daß sein Freund ihm noch unbedingt die Grundgedanken der allgemeinen Relativitätstheorie erläutern mußte, da er sich ständig auf diese und nicht auf die spezielle Relativitätstheorie bezog.

Eine Singularität ist für die Naturwissenschaft eine Katastrophe: Alle bekannten Naturgesetze verlieren hier ihre Gültigkeit. Die Wissenschaft könnte keine Aussage über den Anfang des Universums machen und lediglich feststellen, daß das Universum ist, wie es jetzt ist, weil es war, wie es damals war. Warum es aber so war, wie es damals kurz nach dem Urknall war, könnte nicht erklärt werden. Zentrale physikalische Fragen müßten für immer ohne Antwort bleiben, wenn der Urknall den Charakter einer Singularität gehabt hätte:

1. Warum war das frühe Universum eine Sekunde nach dem Urknall rund zehn Milliarden Grad heiß?
2. Warum ist die Temperatur des Mikrowellen-Strahlenhintergrundes von uns aus gemessen in allen Richtungen gleich?
3. Warum hat das Universum mit genau derjenigen Geschwindigkeit begonnen, die zu seiner Erhaltung nötig war?
4. Das Universum enthält regionale Unregelmäßigkeiten, Sterne und Galaxien, obwohl es im großen Maßstab gleichförmig und homogen ist. Diese haben sich im frühen Universum durch kleine Unterschiede in der Dichte zwischen einzelnen Regionen entwickelt. Was ist der Ursprung dieser Dichtefluktuationen?

Viele Wissenschaftler fanden den Verzicht auf die Beantwortung dieser Fragen unbefriedigend. Deshalb wurden theoretische Versuche unternommen, den Urknall zu umgehen, die aber alle nicht überzeugten.

Albertson hatte in diesem Zusammenhang nach einem Dissertationsthema gesucht. Dabei interessierte er sich für die Frage, ob es eine Urknall-Singularität gegeben hat, weil diese von entscheidender Bedeutung beim Versuch war, den Ursprung des Universums zu verstehen. Zusammen mit Roger Penrose wies er nach, daß jedes vernünftige Modell des Universums mit einer Singularität beginnen muß, wenn die allgemeine Relativitätstheorie richtig ist. In diesem Fall wäre die wissenschaftliche Aussage möglich, daß das Universum einen Anfang gehabt haben muß. Die Vorhersage aber, wie dieser Anfang ausgesehen hätte, wäre jedoch unmöglich. Dazu müßte ›der liebe Gott‹ herangezogen werden.

Brak fragte sich, was sein Freund eigentlich außer dem Nobelpreis gewinnen würde, wenn er die Frage nach dem *Wie* physikalisch beantworten könnte: Die Frage nach dem *Warum* des Urknalls bzw. Universums bliebe weiter unbeantwortet—und dies ist doch eigentlich die viel interessantere Frage! Möglicherweise, so dachte er, darf man an dieser kosmologischen ›Stelle‹ gar nicht so scharf zwischen *Wie-* und *Warum*-Frage trennen? Vielleicht muß man genau hier über den Tellerrand der Physik hinausschauen—in die Weite der Meta-Physik? Aber genau dazu war sein Freund leider nicht bereit—im Unterschied zu Planck, Bohr, Einstein, Heisenberg und einigen anderen.

Immerhin verstand er, weshalb man bei der Anwendung der allgemeinen Relativitätstheorie zwangsläufig bei einer Singularität als Anfang des Universums landen mußte: Penrose hatte bei seiner Beschäftigung mit ›Schwarzen Löchern‹ gezeigt, daß ein Stern, der unter dem Einfluß seiner eigenen Schwerkraft in sich zusammenstürzt, in eine Region eingeschlossen ist, deren Oberfläche und Volumen auf Null schrumpft. Die Materie dieses Stern wird auf ein Volumen von der Größe Null komprimiert, so daß die Materiedichte und die Krümmung der Raumzeit unendlich werden. Nach einem solchen Prozeß liegt in einer Region der Raumzeit eine Singularität vor. Das mathematische Ergebnis von Penrose schien auf den ersten Blick nur für Sternengalaxien zu gelten und ohne Bedeutung für die Frage nach der Urknall-Singularität des gesamten Universums zu sein.

Albertson griff das Theorem von Penrose auf, wonach jeder in sich zusammenstürzende Stern mit einer Singularität enden muß, und kehrte die Zeitrichtung um. Jedes in Friedmannscher Weise expandierende Universum mußte dann mit einer Singularität begonnen haben. 1970 veröffentlichten er und Penrose dann einen Aufsatz, in dem sie mathematisch nachwiesen, daß es unter zwei Voraussetzungen eine Urknall-Singularität gegeben haben muß:

1. Das Universum enthält so viel Materie, wie die Physiker beobachten und berechnen.
2. Die allgemeine Relativitätstheorie stimmt.

Diese Arbeit fand trotz anfänglichen Widerstands am Ende allge-

meine Anerkennung. Fast alle Physiker gingen nun davon aus, daß das Universum mit einer Urknall-Singularität begonnen hat.
Brak fragte sich, ob die Physiker und Kosmologen ernsthaft glaubten, das Universum und die komplexe Vielfalt und Schönheit des Seienden aus dem Urknall erklären zu können—einem Modell, das wohl nicht zufällig im Zeitalter der Atombombenexplosionen erfunden wurde. Unterstellt man aber einmal eine solche ungeheure Explosion vor zehn, fünfzehn oder zwanzig Milliarden Jahren, waren mindestens die folgenden Fragen möglich:
Was ist da explodiert? Wäre nicht das, was da explodierte (auch wenn es punktuell und noch keine Materie, sondern reine Energie gewesen wäre), auch schon ein Seiendes, also Welt gewesen? Was hat sich *vor* dem Urknall abgespielt? Welcher Gattung von Geschehen hatte die angeblich erste Explosion angehört? War es ein *Tun*? Wenn ja, war es das Tun eines Lebendigen? Oder konnte ein Unlebendiges etwas tun? Wenn es aber kein Tun, sondern ein *Getanwerden* war: Durch wen oder was wurde das, was geschah, in Bewegung gesetzt oder erzwungen? Wurden die aristotelischen Überlegungen über den ›ersten Beweger‹ durch die moderne Kosmologie überflüssig gemacht? Wenn diese Überlegungen nach wie vor ihre Berechtigung hätten, müßte dann nicht auch in Anlehnung an Aristoteles zwischen vier Arten der Kausalität unterschieden werden?
1. causa efficiens (Entstehungsursache, des Wirkens, des Antriebs)
2. causa materialis (Ursache im Material oder in der Stofflichkeit)
3. causa formalis (Gestaltursache, Ursache der Formgebung)
4. causa finalis (Zweckursache, die aus der Zielsetzung erwächst)
War die moderne Kosmologie in der Lage, eine solche Differenzierung in ihren Modellen zu berücksichtigen?
Braks Eindruck war, daß bisher lediglich die zweite und die dritte Kausalitätsart beachtet wurden. Er war sich auch nicht sicher, ob

sein Freund diese Fragen überhaupt verstehen würde. Wahrscheinlich hielt er sie für naiv oder inkompetent. Aber davon wollte er sich nicht abschrecken lassen.

Interessant war nun, daß Albertson nicht bei der Urknall-Hypothese blieb, sondern seine Meinung änderte und versuchte, andere Kollegen davon zu überzeugen, daß das Universum *nicht* aus einer Singularität entstanden ist. Er schien auf diese verzichten zu können, wenn er die Quanteneffekte berücksichtigte, die ja in mikrophysikalischen Bereichen entscheidend sind.

Während sein Freund noch 1988 behauptete, daß das Universum *nicht* aus einer Singularität entstanden ist, modifizierte er in seinem 1993 erschienen Buch EINSTEINS TRAUM diese Hypothese und meinte, daß es zwar eine Singularität gegeben habe, daß aber dennoch die physikalischen Gesetze bestimmten, wie das Universum begonnen hat.

Brak vermutete, daß diese Meinungsänderung—um empirisch überprüfbare Hypothesen handelte es sich ja nicht!—mit dem Versuch seines Freundes zusammenhing, bezüglich des Zeitproblems vielleicht einen Schritt weiter zu kommen.

Brak fiel in diesem Zusammenhang auf, daß Albertson zwar ständig von der Notwendigkeit sprach, allgemeine Relativitäts- und Quantentheorie zur Theorie der *Quantengravitation* verbinden zu müssen; er fand aber nirgendwo in dessen Publikationen Hinweise, wie das geschehen könnte. Statt dessen gab sein Freund mehrmals zu, daß er gar nicht genau wisse, wie eine korrekte Theorie der Quantengravitation aussehen müßte und daß der beste Kandidat hierfür, die sogenannte Superstring-Theorie, noch eine Menge ungelöster Fragen aufweise. Und in seinem zusammen mit Roger Penrose 1998 veröffentlichten Buch RAUM UND ZEIT stellte er die Frage, ob die Stringtheorie überhaupt eine ernsthafte wissenschaftliche Theorie sei. Brak schätzte die selbstkritischen, zweifelnden Andeutungen seines Freundes, die in wohltuendem Kontrast zu den teilweise euphorischen Darstellungen von dessen Projekt in den Medien stand, wo häufig der Eindruck erzeugt wurde, daß Albertson morgen oder übermorgen die sogenannte Weltformel zur Erklärung des Universums präsentieren könnte.

In den Abschnitten über Schwarze Löcher überwogen die optimistischen Formulierungen. Bei diesem Thema schien sein Freund Beziehungen zwischen allgemeiner Relativitäts- und Quantentheorie herstellen zu können und bekam offensichtlich eine Ahnung von der Gestalt, die eine künftige Quantentheorie der Gravitation annehmen mußte.

Die Wellenbewegung zwischen optimistischen und eher resignativen Einschätzungen hinsichtlich der Möglichkeit des erfolgreichen Abschlusses seines Forschungsprojekts durchzog alle seine Publikationen.

Bevor sich Brak mit dem Zeitproblem und dem Lösungsversuch seines Freundes beschäftigte, las er noch einmal alle Passagen über die Schwarzen Löcher, die als Probierfeld für die vielleicht mögliche Verbindung von allgemeiner Relativitätstheorie und Quantentheorie dienten und wegen ihres Status als Singularitäten eine besondere Bedeutung in Albertsons Werk hatten.

Im Mittelpunkt eines Sterns, dessen Masse beispielsweise zehnmal so groß wie die unserer Sonne ist, entsteht während des größten Teils seiner Lebensdauer von etwa einer Milliarde Jahren Wärme durch die Umwandlung von Wasserstoff in Helium. Aufgrund des durch die freigesetzte Energie erzeugten Drucks wird der Stern vor der eigenen Gravitation geschützt und ist daher ein Objekt mit einem Radius, der ungefähr fünfmal so groß wie der Radius der Sonne ist. Ein Objekt, das von der Oberfläche des Sterns senkrecht mit einer Geschwindigkeit von weniger als 1.000 Kilometern pro Sekunde nach oben abgeschossen wird, würde vom Gravitationsfeld des Sterns zurückgezogen und wieder auf dessen Oberfläche fallen. Ein Objekt mit einer höheren Geschwindigkeit würde ins Unendliche entweichen. Nach dem Verbrauch seines Kernbrennstoffs fängt der Stern an, infolge der eigenen Schwerkraft in sich zusammenzustürzen, da es nichts gibt, das dem Druck von außen widerstehen kann. Durch den SchrumpfungsProzeß wird das Gravitationsfeld an der Oberfläche immer stärker, so daß eine immer größere Geschwindigkeit notwendig wäre, um ihm zu entkommen. Ab einem bestimmten Zeitpunkt ist das vom Stern ausgestrahlte Licht nicht mehr in der Lage, ins Unendliche zu entweichen, es wird vom Gravitationsfeld zurückgehalten. Da sich nach der speziellen Relativitätstheorie nichts schneller als Licht fortbewegen kann, kann nichts entkommen, wenn es das Licht nicht vermag. Ein solcher Stern wäre zum ›Schwarzen Loch‹ geworden: eine Region der Raumzeit, aus der kein Entweichen mehr möglich ist. Die Grenze eines Schwarzen Lochs heißt Ereignishorizont. Beobachtungsdaten lassen mit einiger Wahrscheinlichkeit darauf schließen, daß es Schwarze Löcher von der genannten Größe in manchen Doppelsternsystemen gibt. Es könnte auch eine große Zahl kleinerer Schwarzer Löcher über das ganze Universum verstreut sein, die nicht durch Sternenkollaps, sondern durch den Zusammensturz hochkomprimierter Regionen in dem heißen dichten Medium kurz nach dem Urknall entstanden sind. Solche urzeitlichen Schwarzen Löcher hielt Albertson für besonders interessant.

Konnten solche astronomischen Gebilde überhaupt naturwissenschaftliche Objekte sein, wenn nicht einmal Licht entweichen kann? Brak fand in den Büchern seines Freundes zwei Argumente, die für eine positive Antwort sprachen: John Wheeler verglich Schwarze Löcher mit jungen Männern im Smoking, die junge Mädchen in weißen Kleidern bei stark gedämpftem Licht herumwirbeln. Nur die jungen Mädchen sind sichtbar. Das Mädchen ist ein Stern, der durch den nicht sichtbaren Mann auf seiner Umlaufbahn gehalten wird.

Nach Albertsons Auffassung waren die Schwarzen Löcher gar nicht so schwarz wie ursprünglich angenommen. Sie können Licht abstrahlen und dabei schrumpfen. Durch Anwendung der Quantentheorie auf diese Systeme beseitigte er das Dilemma in der bisherigen Theorie der Schwarzen Löcher, wonach deren Existenz den Grundsätzen der Thermodynamik, einer weiteren zentralen Theorie der Physik, widersprach.

Die beiden Hauptsätze dieser Theorie waren bereits im 19. Jahrhundert formuliert worden:

1. Die Gesamtenergie eines geschlossenen Systems bleibt immer gleich, auch wenn chemische Energie in Wärme, diese in mechanische und diese in elektrische Energie verwandelt wird. Dieser Energieerhaltungssatz handelt nur von Energie-Quantitäten und besagt nichts über Qualität und Nutzbarkeit, also über die sogenannten Freiheitsgrade der Energieformen.

2. Die Entropie, also der Grad der Unordnung eines (abgeschlossenen) Systems, kann nicht vernichtet werden und wird immer größer. Sie kann nur durch Austausch mit der Umgebung verändert werden, wodurch deren Gesamtentropie wiederum vergrößert wird. Das bedeutet, daß alle Wärmevorgänge eine Richtung vom höheren zum niederen Niveau haben. Wärme geht nicht von selbst aus dem Körper niederer Temperatur in den höherer Temperatur über. Soll sie das, muß Arbeit aufgewendet, d.h. aus einem anderen System muß Energie zugeführt werden.

Der erste Hinweis darauf, daß möglicherweise eine Verbindung zwischen Schwarzen Löchern und der Thermodynamik existiert, ergab sich 1970 mit der mathematischen Entdeckung, daß die Oberfläche des Ereignishorizonts, also der Grenze eines Schwarzen Lochs, anwächst, wenn zusätzliche Materie oder Strahlung in das Schwarze Loch dringt. Verschmelzen zwei Schwarze Löcher zu einem einzigen, so ist die Horizontfläche des resultierenden Schwarzen Lochs größer als die Flächensumme der Ereignishorizonte, welche die ursprünglichen Schwarzen Löcher umgeben haben. Aufgrund dieser Eigenschaften schlossen Albertson und einige seiner Kollegen auf eine Verwandtschaft zwischen der Fläche des Ereignishorizonts eines Schwarzen Lochs und dem thermodynamischen Entropiebegriff. Jacob Bekenstein sah die Fläche des Ereignishorizonts als ein Maß für die Entropie des Schwarzen Lochs an: Wenn Materie oder Strahlung in ein Schwarzes Loch fallen, erweitert sich die Fläche des Ereignishorizonts, so daß sich die Summe aus der Entropie der Materie außerhalb der Schwarzen Löcher und aus der Fläche ihrer Ereignishorizonte niemals verringert. Die Gültigkeit des zweiten thermodynamischen Hauptsatzes schien durch diese Hypothese zwar gewahrt zu bleiben, doch gab es ein fatales Problem: Wenn ein Schwarzes Loch Entropie besitzt, mußte es auch eine Temperatur haben. Ein Körper mit einer bestimmten Temperatur gibt aber ein gewisses Maß an Strahlung ab. Diese Strahlung ist nötig, um nicht gegen den zweiten Hauptsatz zu verstoßen. Schwarze Löcher müßten also Strahlung abgeben, werden aber als Objekte definiert, die gar nichts emittieren. Es schien also, als ließe sich die Fläche des Ereignishorizonts nicht als die Entropie eines Schwarzen Lochs auffassen.

Brak hatte große Mühe, diese Ausführungen seines Freundes nachzuvollziehen. Er machte sich die folgenden Notizen, die er Albertson im nächsten Gespräch vortragen wollte: Wärme fließt immer vom heißeren zum kälteren Körper. Das Schwarze Loch nimmt Energie, auch Wärmeenergie, nur auf, gibt aber keine ab. Also ist es kälter, als sonst irgend etwas sein kann, oder gleich kalt. Die Thermodynamik erlaubt Temperaturen, die beliebig wenig größer als die Temperatur absolut null Grad Kelvin (minus 273° Celsius) sind, diese selbst aber nicht. Für das Schwarze Loch besteht folgendes Dilemma: Wärmer als null Grad Kelvin kann es nicht sein, da es sonst kältere Körper geben könnte, an die es Wärme abgeben müßte, was es aber per definitionem nicht darf. Absolut null ist ihm aber wie allen Körpern verboten.

Im eklatanten Widerspruch zur Thermodynamik ist es also unmöglich, daß ein Schwarzes Loch eine Temperatur hat. Albertsons Verdienst zur Beseitigung dieses Dilemmas bestand darin, daß nach seinen Berechnungen sowohl rotierende als auch nichtrotierende Schwarze Löcher Teilchen hervorbringen und abstrahlen, als wären sie heiße Körper, und die Temperatur hing lediglich von der Masse des Schwarzen Lochs ab: Je größer die Masse, desto geringer die Temperatur. Durch Anwendung der Quantentheorie fand er die Antwort auf die Frage, warum ein Schwarzes Loch Teilchen emittieren kann, obwohl aus seinem Ereignishorizont nichts entkommen kann. Die Teilchen stammen nicht aus dem Inneren des Schwarzen Lochs, sondern aus der unmittelbaren Umgebung, aus dem Raum außerhalb des Ereignishorizonts. Für Beobachter in einiger Entfernung vom Schwarzen Loch scheint die Strahlung aus diesem selbst zu kommen. Das ›Schwarze Loch‹ emittiert genau die Teilchen und Strahlung, die ein normaler heißer Körper mit einer Temperatur produzieren würde, die sich proportional zur Oberflächenschwere und umgekehrt proportional zur Masse verhielte. Die Wellenlänge der nach Albertson benannten Strahlung, die ein schwarzes Loch abgibt, stimmt ungefähr mit seinem Durchmesser überein. Große Schwarze Löcher sind schwer und kalt, kleine leicht und heiß. Große Schwarze Löcher geben also wenig, kleine viel Strahlung pro Sekunde ab. Auf lange Sicht wird sich jedes Schwarze Loch verflüchtigen, bei großen dauert dieser Prozeß natürlich viel länger.

Albertsons Verdienst bestand wohl darin, durch Berücksichtigung der Quantentheorie den Widerspruch zwischen allgemeiner Relativitätstheorie und Thermodynamik beseitigt zu haben. Aus der Entdeckung, daß Schwarze Löcher nicht schwarz sein können, bezog sein Freund offensichtlich die Hoffnung, daß es möglich sein könnte, neben der Thermodynamik die Prinzipien der allgemeinen Relativitätstheorie und der Quantentheorie zusammen anzuwenden:

Die allgemeine Relativitätstheorie spielt hinein, weil es um Schwerkraft (Gravitation) geht.

Die Thermodynamik ist beteiligt, weil jedes Schwarze Loch eine bestimmte Temperatur hat.

Mit Hilfe der Quantentheorie kann erklärt werden, warum sich die Löcher verflüchtigen.

Zwar wurde bisher noch kein urzeitliches Schwarzes Loch gefunden, die Physiker schienen sich aber weitgehend einig zu sein, daß es Gamma- und Röntgenstrahlen emittieren würde.

Albertson glaubte, daß man verstehen könnte, wie der Urknall alle Dinge im Universum geschaffen hat, wenn man verstanden hätte, wie ›Schwarze Löcher‹ Teilchen erzeugen. Nach seiner Auffassung stürzt in einem ›Schwarzen Loch‹ die Materie in sich zusammen und ist für immer verloren, gleichzeitig wird an ihrer Stelle neue Materie hervorgebracht. Infolgedessen war es für ihn denkbar, daß in einer noch früheren Phase des Universums die Materie zusammenstürzte, um dann im Urknall wiedererschaffen zu werden. Als Brak die Antworten seines Freundes auf die Frage las, was mit Objekten geschieht, die in ein Schwarzes Loch gefallen sind, hatte er das Gefühl, von der physikalischen Wissenschaft in die Gattung der Science-fiction-Literatur befördert worden zu sein. Albertson meinte mit vollem Ernst, solche Objekte, vielleicht ein Raumschiff, würden in kleinen, eigenständigen Baby-Universen landen.

Obwohl Brak kein Psychoanalytiker war, hatte er an solchen Stellen doch den Eindruck, daß sich bei seinem Freund manchmal die Grenzen zwischen wissenschaftlichem Projekt und unbewußter Projektion verwischten. Zwar hatte seine Formulierung ›Ein Schwarzes Loch hat keine Haare‹ eine physikalische Bedeutung, daß nämlich im Zuge des Gravitationskollaps außerordentlich viel Information verloren geht, aber als er auf die Aussage seines Freundes stieß:
›Eines Abends kurz nach der Geburt meiner Tochter Lucy dachte ich beim Zubettgehen über Schwarze Löcher nach‹, konnte er den Zusammenhang zwischen der erschütternden Erfahrung eines Geburtsvorganges und dem männlichen Bewältigungs- und Verarbeitungsversuch durch physikalische Theoriebildung nicht mehr ignorieren. Die Sprache verwies deutlich auf den Zeugungs- und Geburtsvorgang: ›Materie stürzt in ein Schwarzes Loch und ist verloren.‹ ›An ihrer Stelle wird neue Materie hervorgebracht.‹ ›Baby-Universum.‹ ›Schwarzes Loch ohne Haare.‹
Brak überließ sich keinen weiteren Assoziationen über die Anatomie des weiblichen Körpers und den unterschiedlichen Rollen, die Mann und Frau bei Zeugungs- und Geburtsvorgängen spielen und fand weitere Passagen in den Büchern seines Freundes, die nur schwer von Science-fiction zu unterscheiden waren.
Albertson äußerte beispielsweise die Vermutung, ein kleines, von unserer Region des Universums abgezweigtes Baby-Universum könnte sich an anderer Stelle wieder mit unserer Raum-Zeit-Region verbinden und als weiteres Schwarzes Loch erscheinen, das sich bildet und später verdunstet.
Brak war immer wieder erstaunt über diese eigenartige Mischung aus abstrakter mathematischer Rationalität und kosmologischer Phantasie. Noch war nicht einmal sicher, ob es überhaupt Schwarze Löcher als astronomische Gebilde gab, da entwickelte sein

Freund schon die abenteuerlichsten Szenarien über Baby-Universen und machte sich ernsthaft Gedanken, wo die Teilchen eines Raumfahrers, der in einem Schwarzen Loch von dessen Gravitationskräften zunächst ›zu Spaghetti verarbeitet würde,‹ wieder auftauchen könnte.

Offensichtlich wurde dies alles als Wissenschaft anerkannt, weil es im Gewand irgendwelcher mathematischer Berechnungen daherkam. Die größte Überraschung empfand Brak schließlich, als er das Motto las, das Albertson für denjenigen formulierte, der in ein Schwarzes Loch fallen würde: *Denke imaginär!*

Immerhin gab er zu, daß sich sein Gedanke einer imaginären Zeit durchaus nach Science-fiction anhörte, verteidigte ihn aber mit dem Hinweis, daß diese Zeit ein genau definierter mathematischer Begriff sei. Auch hierbei schien allein die Mathematisierbarkeit des verwendeten Begriffs dessen Wissenschaftlichkeit zu garantieren—und das in einer empirischen, auf sinnliche Erfahrung angewiesenen Naturwissenschaft!

Brak hatte immer wieder den Eindruck, daß Albertson sehr wohl wußte, daß bei vielen seiner Hypothesen keinerlei Chance mehr besteht, sie empirisch oder experimentell zu überprüfen. Die Tatsache, daß der Unterschied zwischen Wissenschaft und Dichtung immer mehr zu verschwinden drohte, überspielte er durch Ironie und schien sich selbst nicht mehr ganz ernst zu nehmen. War ironische Physik und Kosmologie dieser Art möglicherweise der Anfang von ihrem Ende?

Der entscheidende und kritischste Punkt seiner physikalischen Konzeption war sein Begriff einer imaginären Zeit. Was war der Unterschied zwischen der sogenannten realen Zeit und der imaginären Zeit? Was *gewann* sein Freund durch diese neue Idee? War sie wirklich so neu, wie er behauptete? Schließlich gab es schon in Minkowskis Modell einer vierdimensionalen Raumzeit eine ima-

ginäre Zeitkoordinate! Je mehr er sich mit den Gedanken, Thesen und Vermutungen seines Freundes beschäftigte, umso deutlicher wurde ihm, daß es zwischen Physik und Meta-Physik eine Schnittmenge gab, die mehrere Probleme enthielt:
Das erkenntnistheoretische und ontologische Problem, das durch die Kontroverse zwischen Albert Einstein (Relativitätstheorie) und Niels Bohr (Quantentheorie) erzeugt wurde: Welches Verhältnis besteht zwischen Subjekt und Objekt in beiden Theorien? Was ist jeweils Realität in der Relativitäts- und Quantentheorie?
Das methodologische Problem: Welche Rolle haben die deduktiv-mathematischen Verfahren? Wo liegen die Grenzen für induktive, also empirisch-experimentelle Methoden bei der Erforschung von Mikro- und Makrokosmos? Was bedeutet die Arbeitsteilung zwischen theoretischer und experimenteller Physik im Hinblick auf Reichweite und Qualität der Erkenntnis?
Das Problem von Raum und Zeit und ihres Verhältnisses: Ohne eine fruchtbare Beziehung zwischen Physik und Philosophie ist die Physik in der Tat in Gefahr, ›zum Banausentum zu verkommen‹, wie Einstein richtig gesagt hatte.
Brak sah sich auch durch John Wheeler bestätigt, der einmal geschrieben hatte: ›Sollten wir in der Natur jemals etwas entdecken, das Raum und Zeit erklärt, dann müßte es auf jeden Fall etwas sein, das tiefer ist als Raum und Zeit—etwas, das selbst keine Lokalisierbarkeit in Raum und Zeit hat. Und genau das ist das Erstaunliche an einem elementaren Quantenphänomen—dem großen feuerspeienden Drachen. Es stellt etwas von rein erkenntnistheoretischem Charakter dar, ein Informationsatom, das zwischen seinem Anfang und seiner Registrierung keine Lokalisierbarkeit hat.‹
Brak fühlte sich an seiner Philosophenehre gepackt und studierte sorgfältig alle verfügbaren Publikationen seines Freundes, dessen

zentrales Motiv wohl die Aufhebung des Dualismus zwischen den Anfangsbedingungen des Universums und der naturgesetzlichen Beschreibung war.

Bisher verloren alle bekannten wissenschaftlichen Gesetze am Anfang des Universums, jenem Zustand unendlicher Dichte— Urknall-Singularität—ihre Gültigkeit. Um vorhersagen zu können, wie das Universum begonnen hat, braucht man Gesetze, die auch für den Anbeginn der Zeit gelten, die mit dem Urknall entstanden sein soll. Nach der allgemeinen Relativitätstheorie war der Anfang der Zeit aber ein Punkt von unendlicher Dichte und unendlicher Krümmung der Raumzeit, an dem sämtliche Naturgesetze versagten. An diesem Punkt, der Urknall-Singularität, ist das Gravitationsfeld so stark, daß Quantengravitationseffekte Bedeutung gewinnen und die Relativitätstheorie allein keine brauchbare Beschreibung des Universums mehr liefern kann. In einer Quantentheorie der Gravitation bleiben die normalen Naturgesetze überall, also auch am Anfang der Zeit gültig. Für Singularitäten wie Schwarze Löcher oder den Urknall braucht man nach Auffassung Albertsons keine neuen Gesetze, weil in der Quantentheorie keine Singularitäten erforderlich sind. Zwar gab er zu, daß es noch keine vollständige und widerspruchsfreie Quantentheorie der Gravitation gibt, aber er war sich relativ sicher, welche Eigenschaften eine solche Theorie für Alles haben müßte:

1. Sie müßte die Quantentheorie als Aufsummierung von Möglichkeiten formulieren. Das bedeutet, daß ein Teilchen nicht nur eine einzige Geschichte wie in der klassischen Theorie hat, sondern jedem möglichen Weg in der Raumzeit folgt. Die Wahrscheinlichkeit, daß der Weg des Teilchens durch einen bestimmten Punkt führt, wird ermittelt, indem man die Wellen addiert, die mit jeder möglichen Geschichte verknüpft sind, die durch diesen Punkt verläuft. Um die erheblichen technischen Schwierigkeiten

beim Versuch, diese Summen tatsächlich auszurechnen, zu umgehen, muß man die Wellen von Teilchengeschichten addieren, die nicht in der realen, von uns erlebten Zeit liegen, sondern in der imaginären Zeit. Für die Berechnung wird die Zeit mit imaginären Zahlen gemessen, wodurch sich der Unterschied zwischen Zeit und Raum vollständig verliert.

Brak fragte sich noch einmal, worin wohl der Unterschied zwischen dieser Idee und der von Einstein und Minkowski bestand, in deren Raumzeit Ereignisse imaginäre Zahlenwerte auf der Zeitkoordinaten besaßen und die Zeitkoordinate x_4 den drei Raumkoordinaten x_1, x_2 und x_3 gleichgemacht worden war.

Er machte sich eine entsprechende Notiz, um seinen Freund hierzu im nächsten Gespräch zu befragen. War dessen Konzeption einer imaginären Zeit gar nicht so originell, wie in der Öffentlichkeit dargestellt wurde?

Allerdings war seine Idee, Prinzipien der Relativitätstheorie und der Quantentheorie unter Berücksichtigung thermodynamischer Gesetze zu verbinden und auf Singularitäten anzuwenden, allemal ein genialer Versuch—auch wenn er möglicherweise nicht zum Ziel führen sollte, was Brak immer wahrscheinlicher erschien und noch ausführlich mit seinem Freund diskutieren wollte.

2. Eine zweite gesuchte Eigenschaft der gesuchten Theorie für Alles mußte Einsteins Überlegung sein, daß dem Gravitationsfeld eine Krümmung der Raumzeit entspricht und die Teilchen versuchen, im gekrümmten Raum einem geraden Weg zu folgen. Da die Raumzeit aber nicht flach ist, erscheinen ihre Wege gekrümmt. Bei Anwendung der Aufsummierung von Möglichkeiten auf Einsteins Gravitationstheorie, die Brak sich noch erklären lassen wollte, da sie die allgemeine Relativitätstheorie war, entspricht der Geschichte eines Teilchens eine vollständige, gekrümmte Raumzeit, welche die Geschichte des ganzen Universums repräsentiert. In diesen

Raumzeiten ist die Zeit *imaginär* und vom Raum ununterscheidbar. In Einsteins Gravitationstheorie gibt es für das Verhalten des Universums nur diese beiden Möglichkeiten:
Das Universum existiert seit unendlicher Zeit.
Das Universum hat mit einer Singularität zu einem bestimmten Zeitpunkt in der Vergangenheit begonnen.
Beide Möglichkeiten führen zu unüberwindlichen Schwierigkeiten beim Versuch, den Beginn des Universums naturwissenschaftlich zu beschreiben. Albertson wollte durch eine Quantentheorie der Gravitation eine dritte Möglichkeit eröffnen. Durch die Verwendung von Raumzeiten, in denen sich die Zeitrichtung nicht von den Richtungen im Raum unterscheidet, kann die Raumzeit endlich in der Ausdehnung sein und doch keine Singularitäten aufweisen, die ihre Grenze oder ihren Rand bilden. Dies ist wie bei der Eroberfläche, die endlich in der Ausdehnung ist, aber keine Grenze und keinen Rand besitzt. Die Raumzeit hat natürlich zwei Dimensionen mehr als die Oberfläche der Erde. Da sie aber ebenfalls keine Grenze hat, gibt es auch keine Singularität, an denen die Naturgesetze ihre Gültigkeit einbüßten: ›Die Grenzbedingung des Universums ist, daß es keine Grenze hat.‹
Zeit und Raum bilden in diesem Modell eine gemeinsame Fläche, die von endlicher Größe, aber ohne Grenze oder Rand ist. Das Universum ist völlig in sich abgeschlossen, es ist weder erschaffen noch zerstörbar und würde einfach *sein*. Brak gefiel sehr, daß Albertson in diesem Zusammenhang oft im Konjunktiv sprach und seine Vorstellung von einer endlichen Raumzeit ohne Grenze nur als Vorschlag sah, der sich erst noch bewähren müßte, und zwar durch die Überprüfung, ob die Vorhersagen seiner Theorie mit den Beobachtungsdaten übereinstimmten.
Aber war das überhaupt möglich?
Albertson gab wenigstens zu, daß diese Überprüfung im Falle der

Quantengravitation aus folgenden Gründen eigentlich nicht möglich ist:
1. Eine gelungene Verbindung von allgemeiner Relativitäts- und Quantentheorie gibt es noch gar nicht.
2. Falls es ein Modell gibt, welches das ganze Universum beschreibt, ist auf jeden Fall mathematisch viel zu kompliziert, um genaue Prognosen errechnen zu können.
3. Man ist daher zu vereinfachenden Annahmen und Näherungen gezwungen, und auch unter diesen Umständen bleibt es sehr schwer, Prognosen abzuleiten.
Er war der Überzeugung, daß das Universum in der realen Zeit einen Anfang und ein Ende hat, also Singularitäten, die für die Raumzeit eine Grenze bilden. Dagegen sollte es in der imaginären Zeit keine Singularitäten oder Grenzen geben—also auch keine Grenzen für die Anwendung naturwissenschaftlicher Gesetze. Wenn das Universum völlig in sich abgeschlossen ist, dann hat es auch keinen Anfang und keine Ende: Es *ist* einfach.
Brak dachte, daß sein Freund möglicherweise intuitiv etwas richtiges spürte, was aber im Forschungsrahmen seines naturwissenschaftlichen Paradigmas wahrscheinlich nicht eingelöst werden konnte.
Seine Aussage: ›Es *ist* einfach,‹ ließ weitere Schreibweisen und Betonungen zu und verschiedene Interpretationsmöglichkeiten:
Es ist einfach.
Es ist *einfach*.
Es ist *einfach*.
Es ist einfach.
Welche Bedeutung hatten die Worte Es, ist (Sein), einfach? Der Untertitel seines Buches EINE KURZE GESCHICHTE DER ZEIT lautete: DIE SUCHE NACH DER URKRAFT DES UNIVERSUMS.
Brak teilte Albertsons Auffassung, daß es *eine* Urkraft des Univer-

sums gibt, also eine Kraft, ›die die Welt im Innersten zusammenhält‹, wie auch der Zwerg im zweiten Traum seines Freundes sang. Die Frage war aber, ob eine kosmologische Theorie der Quantengravitation überhaupt möglich war. War es möglich, die Urkraft des Universums in einer naturwissenschaftlichen Theorie gleichsam einzufangen und die Richtigkeit dieser Theorie für Alles empirisch zu überprüfen und so zu beweisen, daß keinerlei Zweifel mehr darüber bestehen konnte, den krönenden Abschluß der theoretischen Physik gefunden zu haben?
Als Brak am späten Nachmittag von seinem Spaziergang zurückkam, erreichte ihn ein Anruf von Albertsons Butler, der ihn bat, zwei Tage früher als geplant zu kommen. Albertson schien in großer Unruhe zu sein und hatte es offensichtlich mit dem nächsten Gespräch eilig. Brak sagte zu, denn er hatte sich seit dem letzten Gespräch intensiv mit den physikalischen Themen beschäftigt und freute sich auf einen interessanten ›Schlagabtausch‹. Bevor er seinen Freund besuchte, besorgte er für diesen noch eine Tüte mit Schokoladentrüffeln in einer Konditorei.

Albertson war sehr erschöpft, denn als Brak in sein Zimmer trat, saß er mit geschlossenen Augen in seinem Rollstuhl; den Kopf hatte er auf die Schulter geneigt, und er schien zu schlafen.
Brak setzte sich in den gegenüberstehenden Sessel. Das dabei entstehende Geräusch ließ Albertson aufschrecken—er hob den Kopf, und seine Augen leuchteten, als er Brak sah. Dieser begrüßte ihn herzlich und überreichte ihm die Tüte mit den Trüffeln.
»Ich danke dir, daß du früher gekommen bist,« sagte Albertson und freute sich sehr über das süße Geschenk.
»Ich war über den Anruf deines Butlers überrascht, Daniel, und bin sehr neugierig, den Grund für deinen Wunsch nach einer Vorverlegung unseres Gesprächstermins zu erfahren.«

»Du kannst dir bestimmt denken, was mich mal wieder beunruhigt hat.«
»Du wirst doch nicht schon wieder nächtlichen Besuch von irgendwelchen Märchenfiguren gehabt haben?«
»Nein, das nicht, Paul, aber es kam noch viel schlimmer: Ich hatte einen richtigen Albtraum in der letzten Nacht!«
Brak schaut in gespannter Erwartung, und Albertson erzählte: »Ich befand mich mit einer Taucherglocke unter Wasser eines großen Sees und betrachtete verzückt die bizarre Unterwasserwelt...«
Brak unterbrach ihn: »Hast du am Tag etwa wieder Beatles-Songs gehört, wahrscheinlich auch WE ALL LIVE IN A YELLOW SUBMARINE?«
»Unsinn, Paul, ich habe ausnahmsweise keine Songs dieser Gruppe gehört, sondern Mozarts REQUIEM!« Er bemerkte das Grinsen in Braks Gesicht und mußte lachen, dann fuhr er fort: »Eigentlich war mir überhaupt nicht zum Lachen zumute, denn plötzlich schoß die Taucherglocke wie eine Rakete aus dem Wasser und flog mit rasender Geschwindigkeit ins All. Ich war zunächst starr vor Schreck, beruhigte mich aber etwas, als ich die Bordinstrumente der Rakete erkannte und die Möglichkeit realisierte, Geschwindigkeit und Kurs des Flugobjekts steuern zu können. Ich hatte den Auftrag, eine Funkverbindung zwischen zwei weit auseinander liegenden Sternen herzustellen, was aber unmöglich schien. Die Entfernungen zwischen ihnen waren viel zu groß. Es hätte Jahre gedauert, bis ich einen der Sterne erreicht hätte, von der Zeit bis zur Ankunft auf dem zweiten Stern ganz zu schweigen. Meine Aufregung steigerte sich von Sekunde zu Sekunde, als ich die Undurchführbarkeit meines Auftrages erkannte und mich dabei rasend schnell aus unserem Sonnensystem in die Nacht des Weltraumes entfernte. Panik ergriff mich, als mir plötzlich bewußt wurde, daß eine Rückkehr zur Erde ausgeschlossen war, denn die Rakete verwandelte sich auf einmal wieder in die Taucherglocke.

Beim Wiedereintritt in die Erdatmosphäre mußte sie verglühen, da sie keinen Hitzeschutzschild besaß. Dennoch riß ich das Steuer herum und versuchte, auf Erdkurs zu kommen. Je näher ich unserem Sonnensystem und der Erde kam, um so größer wurde meine Panik. Ich hatte Todesangst, zitternd vor Herzrasen und schweißgebadet wachte ich auf. Es dauerte einige Zeit, bis sich die Angst gelegt hatte und die Erleichterung kam, nur geträumt zu haben.«
Albertson schwieg, und noch immer war ihm die Anstrengung anzumerken, die dieser Traum verursacht hatte.
Auch Brak sagte eine Weile nichts und ließ die intensiven Bilder auf sich wirken, ehe er seinen Freund nach dessen Assoziationen und Gefühlen fragte.
»Dieser Traum war von den bisher erzählten der schlimmste. Während bei den ersten beiden Träumen Wut, Ärger und Enttäuschung vorherrschten, hatte ich diesmal eine noch nie erlebte Todesangst. Ich verstehe diese intensiven Gefühle nicht!«
»Mir fällt zweierlei auf, Daniel: Alle drei Träume haben wohl unmittelbar etwas mit deinem wissenschaftlichen Tagesprojekt zu tun. Sie variieren dessen Thema mit unterschiedlichen Bildern. Was dir bisher tagsüber nicht gelang, nämlich die Verbindung einer klassischen und einer nicht-klassischen Theorie der Physik des 20. Jahrhunderts, scheint dir auch nachts nicht zu gelingen. Im ersten Traum scheiterte der Versuch, ein Loch in die Medaille zu bohren und dadurch eine Verbindung zwischen den Buchstaben c und h herzustellen. Im zweiten Traum kam ein Würfelspiel nicht zustande, bei dem diese Buchstaben erneut auftauchten. Im dritten Traum scheiterst du bei dem Versuch, die Verbindung zwischen zwei Sternen herzustellen.«
»Auf denen standen aber nicht die Buchstaben c und h,« bemerkte Albertson unwillig.
»Die Träume folgen nicht linear einer Wach-Logik, sondern ihrer

eigenen Psycho-Logik. Das Entscheidende scheint mir zu sein, daß erneut eine Verbindung zwischen zwei Elementen nicht hergestellt werden konnte. Sind Relativitäts- und Quantentheorie übrigens nicht wie zwei leuchtende Sterne am Nachthimmel der Physik?«
»Ich gebe ja zu, daß in meiner Wissenschaft noch vieles im Dunkeln liegt, nicht nur die Schwarzen Löcher.«
»Die ja nun so schwarz auch wieder nicht sind! Wenn ich richtig informiert bin, hast du vor kurzem sogar eine Wette gegen einen Kollegen verloren, der behauptet hatte, daß sehr wohl Informationen aus dem Inneren eines Schwarzen Loches entweichen könnten?«
»Ja, das stimmt, mein Freund. Offensichtlich hatte ich bei meinen Berechnungen einen Fehler gemacht,« antwortete Albertson.
»Es beruhigt mich, daß ein so genialer, kreativer mathematischer Kopf wie du sich verrechnen kann. Ich befürchte, daß du dich nicht nur bei der Schwarzen Löcher-Aufgabe verrechnet hast, aber darüber sollten wir später noch einmal reden. Ist dir noch etwas zu dem großen schwarzen Würfel eingefallen, der im zweiten Traum neben den beiden Würfeln mit den Buchstaben c und h aufgetaucht war?«
Albertson schüttelte den Kopf: »Sage bloß nicht, er hätte etwas mit den Schwarzen Löchern zu tun!«
»Das wollte ich gar nicht sagen. Vielleicht hat er aber etwas mit der GROSSEN VEREINHEITLICHTEN THEORIE, der Theorie für Alles zu tun, deren Möglichkeit du ja manchmal selbst bezweifelst, Daniel!«
»Du hättest nicht so intensiv in meinen Büchern lesen sollen! In der Tat schwanke ich noch immer zwischen Optimismus und Pessimismus: Die Aussichten, diese Theorie zu finden, sind heute besser als je zuvor, weil wir viel mehr als frühere Zeiten über das Universum wissen. Auf der anderen Seite warne ich immer wieder

vor allzu großer Zuversicht. Zu oft wurde in der Physik schon *Heureka!* gerufen. So erklärte der Nobelpreisträger Max Born 1928 einer Gruppe von Besuchern an der Göttinger Universität, daß es mit der Physik, wie sie zu seiner Zeit bekannt war, in einem halben Jahr vorbei sei. Dabei gründete er seine Zuversicht auf Paul Diracs Entdeckung der Elektronengleichung und nahm an, daß eine ähnliche Gleichung das Proton, das damals als einziges anderes Teilchen bekannt war, bestimmen würde. Die Entdeckung des Neutrons und der Kernkräfte machte diese Hoffnung aber bald zunichte.«

»Wenn wir deinen Träumen ihren Wahrheitsgehalt nicht völlig absprechen, wäre dein Pessimismus eher das letzte Wort.«

»Meine bewußte Einstellung tagsüber ist bisher ein vorsichtiger Optimismus gewesen. Du hast aber zu Recht Schwankungen in meinen Büchern registriert. Ich habe mich auch schon gefragt, ob ich nicht vielleicht einem Phantom hinterher jage.«

»Was die Intensität deiner Gefühle im Traum betrifft, so erscheint mir diese als durchaus plausibel. Die Theorie, an der du arbeitest, ist ein extrem ehrgeiziges Unternehmen, das alle deine geistigen Kräfte fordert. Solltest du scheitern, wäre das aber keine Schande. Du befändest dich in bester Gesellschaft: Schließlich haben sich am Versuch, diese Theorie zu finden, auch schon Einstein, Dirac und Heisenberg die Zähne ausgebissen.«

»Du solltest lieber meine optimistischen Tendenzen fördern und mich nicht zu schnell in die Ahnengalerie der Gescheiterten stellen. Hältst du die von mir gesuchte Theorie überhaupt für möglich?«

Brak antwortete erstaunt: »Ich bin sehr überrascht, daß du mir als einem Nicht-Physiker diese Frage stellst. Ich hatte nicht erwartet, von dir bezüglich dieses Themas so ernst genommen zu werden und war bis vor kurzem der Überzeugung, daß nur Physiker hierzu fundierte Urteile abgeben können. Inzwischen habe ich mich allerdings ein wenig mit der Geschichte der Versuche zur Vereinheitlichung der Physik beschäftigt und bin aus wissenschaftstheoretischen, also erkenntnistheoretischen und methodologischen Gründen zu der Auffassung gelangt, daß deine eben erwähnten drei Kollegen zwangsläufig scheitern mußten. Ich habe den dringenden Verdacht, daß die sogenannte Weltformel prinzipiell unmöglich ist.«

»Jetzt machst du mich aber neugierig, Paul. Wieso kommst du zu dieser Ansicht?«

»Ich habe das allergrößte Interesse daran, mit dir ausführlich über die Gründe für meine skeptische Hypothese zu sprechen. Zuvor müßte ich aber erst noch drei andere Fragen mit dir klären, um meine Position darlegen zu können.

Warum beziehst du dich in deinen Büchern viel mehr auf die allgemeine Relativitätstheorie als auf die spezielle?

Worin besteht der Unterschied zwischen beiden Theorien?

Was bedeutet imaginäre Zeit und warum ist sie in deinem Konzept überhaupt nötig?«

»Gut, laß uns zuerst den relativitätstheoretischen Komplex besprechen. Du hattest dich ja schon mit Einsteins Buch hierzu beschäftigt. Vielleicht sagst du erst einmal selbst, was du verstanden zu haben glaubst.«

»Über die spezielle Relativitätstheorie hatten wir relativ ausführlich gesprochen. Durch eine Analyse der physikalischen Begriffe von Raum und Zeit zeigte Einstein, daß das Relativitätsprinzip der klassischen Mechanik sehr wohl mit dem Ausbreitungsgesetz des Lichtes vereinbart werden kann, wenn man Newtons Konzeption einer absoluten Zeit und eines absoluten Raumes zu opfern bereit ist und lediglich die Ausbreitungsgeschwindigkeit des Lichts im Vakuum als Naturkonstante c zurückbehält.«

»Das kann man so sagen, Paul, es ist aber zu ergänzen, daß in der speziellen Relativitätstheorie die Gültigkeit des Relativitätsprinzips nur für die sogenannten Galileischen Bezugssysteme, die sich per definitionem geradlinig, gleichförmig und rotationsfrei bewegen, angenommen wird. Anders gesagt, die spezielle Relativitätstheorie bezieht sich auf die Gebiete, in denen kein Gravitationsfeld existiert. In der allgemeinen Relativitätstheorie geht es um die Phänomene, die auftreten, wenn zwei Beobachter sich nicht mit gleichförmigen relativen Geschwindigkeiten mit der Beschleunigung Null (0), sondern mit veränderlichen Geschwindigkeiten anders als Null bewegen.«

»Kannst du bitte, ehe du dies weiter ausführst, noch einmal kurz sagen, was das Relativitätsprinzip der speziellen Relativitätstheorie beinhaltete?«

»Es besagt, daß in allen Inertialsystemen, also Galileischen Bezugssystemen, die gleichen Gesetze der Mechanik und Elektrodynamik gelten.«

»Und wie wird nun das Relativitätsprinzip durch die allgemeine Relativitätstheorie verändert?«

»Einsteins exakte Formulierung des allgemeinen Relativitätsprinzips lautet: ›Alle Gauß'schen Koordinatensysteme sind für die Formulierung der allgemeinen Naturgesetze prinzipiell gleichwertig.‹

»Das verstehe ich nicht, Daniel!«

»Die Ergebnisse der speziellen Relativitätstheorie gelten nur insoweit, als man von den Einflüssen der Gravitationsfelder auf die Erscheinungen, also zum Beispiel des Lichts, absehen kann. Leider sind aber die meisten Bewegungen nicht konstant oder gleichförmig. Die spezielle Relativitätstheorie beruht auf einer Idealisierung, sie ist beschränkt auf die spezielle Situation der gleichförmigen Bewegung. Einstein wollte aber eine Physik errichten, die für *alle* Bezugssysteme gilt, also auch für solche, die sich in Relation zueinander ungleichförmig bewegen—etwa durch Beschleunigung und Verzögerung. In der allgemeinen Relativitätstheorie stellte Einstein einen Zusammenhang zwischen Geometrie und Gravitation her. Raumzeit und Gravitation existieren nicht unabhängig voneinander, die Gravitation kann durch geeignete Geometrisierung der Raumzeit erklärt werden. Die Gravitation ist nun nicht mehr eine Kraft wie in der klassischen Physik, sondern erscheint als Spezialfall der Trägheit. Die Bewegungen der Himmelskörper gehen einfach auf die ihnen innewohnende Trägheit zurück, ihre Bahnen werden durch die geometrischen Eigenschaften des Raumes bestimmt bzw. durch die geometrischen Eigenschaften des raumzeitlichen Kontinuums.«

»Und warum kommt bei der Formulierung des allgemeinen Relativitätsprinzips der Mathematiker Gauß ins Spiel?« fragte Brak.

»Die Geometrie Euklids läßt sich nicht auf Gravitationsfelder anwenden. Durchquert beispielsweise ein Lichtstrahl ein solches, bewegen sich die Lichtstrahlen nicht geradlinig fort, da die Struktur des Feldes keine geraden Linien gestattet. Der kürzeste Weg, den das Licht beschreiben kann, ist eine Kurve, geodätische Linie genannt, die durch die geometrische Beschaffenheit des Gravitationsfeldes festgelegt ist. Die Geometrie eines Gravitationsfeldes wird durch die Masse und Geschwindigkeit der gravitierenden Körper bestimmt. Daraus folgt, daß der geometrische Aufbau des Universums als Ganzes durch dessen materiellen Gesamtinhalt beeinflußt sein muß. Jeder Himmelskörper, jede Milchstraße rufen örtliche Veränderungen in der Raumzeit hervor. Je größer die Materieansammlung, um so stärker ist die Krümmung der Raumzeit.«

»Wurde die Abweichung des Sternenlichts im Gravitationsfeld der Sonne nicht auch tatsächlich beobachtet?«

»So ist es, Paul, und zwar konnten im Mai 1919 Einsteins Voraussagen bezüglich der Ablenkung der Lichtstrahlen eines Sterns durch das Gravitationsfeld der Sonne während einer Sonnenfinsternis eindrucksvoll bestätigt werden. Eine weitere Bestätigung war die Umlaufbahn des Planeten Merkur um die Sonne, die von Einstein neu berechnet worden war. Da also die Masseverteilung im Universum ungleichmäßig ist, ist es auch die metrische Struktur der Welt: Euklids Geometrie gilt hier nicht mehr. Einsteins Universum ist endlich, unbegrenzt und nicht-euklidisch. In ihm gibt es keine geraden, sondern nur geodätische Linien, sein geometrischer Charakter ist der eines vierdimensionalen Gegenstücks einer Kugeloberfläche.«

»Kannst du das bitte noch einmal so darstellen, daß auch ich das verstehen kann, Daniel?«

»Für dich tu ich fast alles, Paul. Mein Kollege Sir James Jeans hat einmal in diesem Zusammenhang das Bild einer Seifenblase mit gefurchter Oberfläche vorgeschlagen: Das Universum ist nicht das Innere der Seifenblase, sondern ihre Oberfläche, die allerdings nur zwei Dimensionen hat, während das Weltall mit vier Dimensionen beschrieben werden muß, drei für den Raum und eine für die Zeit. Die Substanz, aus der diese Kugel geblasen ist, die Seifenschicht, ist der leere Raum, der mit der leeren Zeit zusammengeschweißt ist.«

»Das ist mir leider immer noch zu abstrakt,« stöhnte Brak.

»Die mathematische Exaktheit und Genauigkeit der modernen Physik wird nun einmal mit dem Preis ihrer Anschaulichkeit bezahlt,« sagte Albertson fast entschuldigend.

»Was ich vielleicht verstanden habe, ist, daß Gauß die mathematische Form für Einsteins Annahme lieferte, daß die Geometrie von Raum und Zeit nicht absolut und unveränderlich ist, sondern über die Vermittlung der Gravitation durch die Eigenschaften der Materie festgelegt wird,« meinte Brak.

»Neben Gauß spielt allerdings noch sein Schüler Bernhard Riemann eine wichtige Rolle in der allgemeinen Relativitätstheorie, was wir aber an dieser Stelle getrost vernachlässigen dürfen, da wir uns ja nicht in einem physikalischen Oberseminar befinden.«

»Ich danke für ihr Verständnis, Herr Professor,« sagte Brak ironisch und fragte: »Kann man sagen, daß die spezielle Relativitätstheorie lediglich ein Grenzfall der allgemeinen Relativitätstheorie ist und nur für spezielle Fälle Gültigkeit besitzt?«

»Im Kleinen erscheint die Geometrie euklidisch, in unserer Umgebung sind Gravitationseffekte gering. Unentbehrlich ist die allgemeine Relativitätstheorie aber für den, der ins Universum hinaus will. Deshalb habe ich mich in meinen Büchern vor allem auf diese Theorie bezogen. Die von mir gesuchte Theorie muß eine Verbindung von allgemeiner Relativitäts- und Quantentheorie sein, denn die spezielle Relativitätstheorie ist ja als Grenzfall in der allgemeinen Relativitätstheorie enthalten, wie du richtig gesagt hast.«

»Ich möchte nun gerne zum Zeitproblem kommen, Daniel. Ich vermute, daß man die Relativitätstheorie als Nicht-Mathematiker ohnehin niemals vollständig verstehen kann. Aber wenigstens habe ich durch deine Erklärungen eine Ahnung davon bekommen, worum es da überhaupt geht.«

»Wenigstens das,« sagte Albertson lächelnd, »aber du hast sicher recht. Das schöpferische Prinzip der theoretischen Physik liegt in der Mathematik, was Einstein schon bei seinem Vortrag 1933 in Oxford gesagt hatte. Denn die axiomatische Grundlage der Physik kann nicht aus der Erfahrung erschlossen werden, sondern muß zunächst frei erfunden werden. Diese Erfindungen müssen sich dann aber an der Erfahrung bewähren.«

»Über das Verhältnis von Mathematik und Erfahrung, von Deduktion und Induktion möchte ich gerne später noch mit dir reden, Daniel. Vorher würde ich aber gerne auf einen Boden

Daniel. Vorher würde ich aber gerne auf einen Boden zurückkehren, der mir etwas vertrauter zu sein scheint.«
»Also los!« forderte Albertson seinen Freund auf.
»Wenn ich dich richtig verstanden habe, siehst du in deiner Vorhersage, daß Schwarze Löcher Strahlung abgeben, ein Ergebnis aus der Vereinigung der Relativitätstheorie mit der Quantentheorie. Der Gravitationskollaps eines Sternes ist nun keine Sackgasse mehr, die Teilchen in einem Schwarzen Loch müssen ihre Geschichte nicht an einer Singularität beenden. Sie können aus dem Loch entkommen und ihre Geschichte woanders fortsetzen. Beziehst du aus dieser Perspektive den Gedanken, daß die Geschichten nicht zwangsläufig einen Anfang in der Zeit, einen Schöpfungspunkt im Urknall haben müssen?«
»Genau so ist es, Paul. Die Schwarzen Löcher sind das Einfallstor für die Möglichkeit einer naturwissenschaftlichen, also kosmologischen Beschreibung der Urknall-Singularität.«
»Erlaube, daß ich jetzt möglicherweise dumme Fragen stelle: Kann man denn die Singularität Schwarzes Loch mit der Urknall-Singularität überhaupt gleichsetzen? Schließlich ist doch letztere die Voraussetzung für die Entstehung Schwarzer Löcher, falls es diese überhaupt gibt. Kann man denn die Quantentheorie überhaupt auf die Urknall-Singularität anwenden? Soweit ich etwas von dieser Theorie verstanden zu haben glaube, setzt ihre Anwendung doch einen gegebenen Raum-Zeit-Hintergrund voraus, vor dem erst die Bahnen von Teilchen möglich sind und erforscht werden können. Überforderst du nicht die Reichweite dieser Theorie und überdehnst ihren Anwendungsbereich, indem du das Quantenprinzip, was immer das sein mag, auf die Struktur von Raum und Zeit selbst anwendest?«
»Diese Fragen sind keineswegs dumm, mein Freund! Dein erster Fragenkomplex ist leichter zu beantworten als der zweite. Singula-

rität ist gleich Singularität! Die Rede, daß die eine Voraussetzung der anderen ist, macht nur Sinn bei Anwendung des realen, historischen Zeitbegriffs. In meiner *imaginären* Zeit spielt dies keine Rolle mehr. Im übrigen ist meine Prognose, daß das Universum seine Expansionsbewegung nicht ewig fortsetzen wird, sondern irgendwann in sich zusammenstürzt und im Großen Kollaps endet—also selbst ein gigantisches Schwarzes Loch sein könnte. Gegenüber anderen Propheten des Weltuntergangs habe ich allerdings gewisse Vorteile: Ganz gleich, was in 10 oder 15 Milliarden Jahren geschieht—ich werde dann nicht mehr da sein, so daß man mir nicht wird vorwerfen können, daß ich mich geirrt habe.«
»Das freut mich für dich, Daniel. Die Frage ist nur, ob dann überhaupt jemand da sein wird, um deine Prognose zu überprüfen. Wenn nicht, was ich stark vermute, ist deine Prognose ein mehr oder weniger lustiger Witz, aber keine wissenschaftliche Hypothese mehr, stimmt' s?«
»Sei nicht immer so streng mit mir, Paul. Aber Spaß beiseite, dein zweiter Fragenkomplex macht mir wirklich ernsthaft zu schaffen. Um das Quantenprinzip auch auf die Struktur von Raum und Zeit anwenden zu können, bedarf es einer Methode, mit der sich die Aufsummierung von Möglichkeiten nicht nur für Teilchen, sondern auch für das Gesamte Gefüge von Raum und Zeit vornehmen läßt. Dies ist derzeit noch nicht einwandfrei möglich, aber wir wissen, daß es leichter ist, die Geschichten in der sogenannten imaginären Zeit aufzusummieren als in der normalen realen Zeit.«
»Schon wieder deine Idee von der imaginären Zeit! Manchmal habe ich den Eindruck, daß sie dein mathematischer Zauberstab ist, mit dem du alle unlösbaren Probleme verschwinden läßt—zwar nicht im Schwarzen Loch, aus dem sie ja möglicherweise wieder herauskämen, wohl aber im schwarzen Zylinder! Worin besteht denn nun der Unterschied zwischen beiden Zeit-

Vorstellungen? Und warum kannst du nicht bei der realen Zeit bleiben, die wir zwar auch nicht verstehen, die uns aber in unsrer lebensweltlichen Erfahrung noch irgendwie zugänglich ist?«

»Ich antworte zuerst auf deine letzte Frage: Der Grund für die Einführung der imaginären Zeit ist, daß Materie und Energie die Raumzeit in sich krümmen, was ich vorhin bei meinen Anmerkungen zur allgemeinen Relativitätstheorie schon skizziert habe. Das führt in der realen Zeitrichtung unvermeidlich zu Singularitäten, also zu Punkten, an denen die Raumzeit endet. An solchen Singularitäten lassen sich die Gleichungen der Physik nicht definieren. Man kann also nicht vorhersagen, was geschehen wird. Die imaginäre Zeitrichtung dagegen verläuft rechtwinklig zur realen Zeit.«

Brak zeichnete auf einem Blatt einen horizontalen Pfeil für die normale, reale Zeit und einen vertikalen Pfeil für die imaginäre Zeit. Dieses Schema zeigte er Albertson.

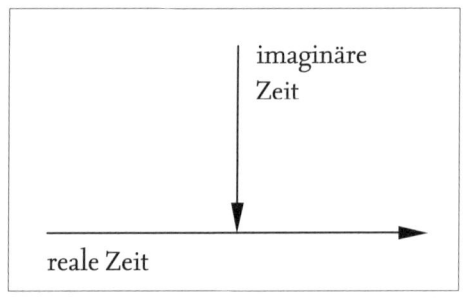

```
                    |
                    | imaginäre
                    | Zeit
                    |
                    ↓
    ─────────────────────────→
          reale Zeit
```

»So habe ich es gemeint,« sagte dieser, »frühe Zeiten befinden sich links, späte Zeiten befinden sich rechts auf der horizontalen Linie. Da die imaginäre Zeitrichtung rechtwinklig zur realen Zeit verläuft, verhält sie sich auch in gleicher Weise zu den drei Richtungen, die einer Bewegung im Raum entsprechen. Unter diesen Bedingungen kann die Raum-Zeit-Krümmung dazu führen, daß sich die drei Raumrichtungen und die imaginäre Zeitrichtung auf der Rückseite treffen, so daß sie eine geschlossene Fläche wie die Erdoberfläche bilden.«

»Du meinst also,« unterbrach Brak seinen Freund, »daß die imaginäre Zeit mit den drei Raumrichtungen eine Raumzeit bilden würde, die in sich geschlossen wäre und keine Grenzen oder Ränder hätte?«

»Genau so,« fuhr Albertson fort, »sie hätte keinen Punkt, den man Anfang oder Ende nennen könnte, sowenig wie die Erdoberfläche einen Anfang oder ein Ende hat.«

»Und dadurch, daß du die Aufsummierung von Möglichkeiten für das Universum nicht mit Geschichten in der realen Zeit, sondern mit Geschichten in der imaginären Zeit vornimmst, also mit Geschichten, die in sich geschlossen sind wie die Erdoberfläche, vermeidest du Singularitäten, also Anfang und Ende, und kannst alles, was in diesen Geschichten vorgeht, vollständig von physikalischen Gesetzen bestimmt sein lassen?«

»Richtig, Paul. Ich glaube, du hast es verstanden. Was in der imaginären Zeit geschieht, läßt sich berechnen. Wenn man die Geschichte des Universums in der imaginären Zeit kennt, kann man berechnen, wie es sich in der realen Zeit verhält.«

»Du scheinst wohl immer noch zu glauben, durch Berechnungen im Rahmen einer Theorie für Alles, also deiner Theorie der Quantengravitation, alles im Universum vorhersagen zu können. Aber ist der Traum von Laplace nicht ausgeträumt, seit es die Quantentheorie und den zweiten Hauptsatz der Thermodynamik gibt?«

»Es geht in der Tat nur um die Entdeckung von Gesetzen, die es ermöglichen, Ereignisse innerhalb der Grenzen vorherzusagen, die durch die Unschärferelation gesetzt sind,« sagte Albertson.

»Mir ist leider immer noch nicht klar, was du mit imaginärer Zeit meinst. Außerdem ist mir deine Rede von Geschichten des Uni-

versums unverständlich. Gibt es denn nicht nur *eine* einzige Geschichte des einen Universums, die erklärungsbedürftig ist?«
»Seit der Entdeckung der Quantentheorie müssen wir davon ausgehen, daß es jede mögliche Geschichte hat.«
»Also, Daniel, jetzt habe ich erneut Schwierigkeiten mit deiner kosmologischen Anwendung der Quantentheorie: Deine Aussage von jeder möglichen Geschichte mag ja in bezug auf *einzelne* Teilchen des Universums vielleicht noch einleuchten, obwohl die ja doch nach Aussage dieser Theorie alle irgendwie miteinander zusammenhängen und in Beziehungen von Wechselwirkungen stehen, aber kann man auch so in bezug auf das Universums als Ganzes reden? Wenn deine Berechnungen verschiedene mögliche Geschichten des Universums zulassen, warum hat sich dann aber eben diese *eine* Geschichte realisiert, von der ja ohnehin niemand wissen kann, wann und wie sie enden wird? Aber wir sollten noch einmal über deine imaginäre Zeit sprechen, den Dreh- und Angelpunkt deiner theoretischen Versuche!«
»Gerne, Paul, wie wir schon in unserem Gespräch über die spezielle Relativitätstheorie festgestellt hatten, glaubten die Menschen bis 1905 an eine absolute Zeit. Man war überzeugt, daß jedem Ereignis eine Zahl, die man ›Zeit‹ nannte, eindeutig zugewiesen werden könne und daß alle guten Uhren das Zeitintervall zwischen zwei Ereignissen übereinstimmend anzeigen würden. Einsteins Entdeckung, daß die Lichtgeschwindigkeit jedem Beobachter unabhängig von seiner Geschwindigkeit gleich erscheint, führte zum Verzicht auf einen absoluten Zeitbegriff. Jeder Beobachter hat sein eigenes Zeitmaß, das eine von ihm mitgeführte Uhr registriert: Die Uhren der verschiedenen Beobachter müssen nicht unbedingt übereinstimmen. Die Zeit wurde abhängig vom Beobachter, der sie mißt. Bei meinem Versuch, die allgemeine Relativitätstheorie mit der Quantentheorie zu verbinden, mußte ich das Konzept der

imaginären Zeit einführen, die sich von den Richtungen im Raum nicht unterscheiden läßt. So wie man durch Kehrtwendung von Norden nach Süden und umgekehrt gehen kann, kann man sich in der imaginären Zeit vorwärts und rückwärts bewegen. Zwischen beiden Richtungen gibt es keinen bedeutenden Unterschied. In der realen Zeit gibt es natürlich einen gewaltigen Unterschied zwischen der Vorwärts- und der Rückwärtsrichtung. Die Naturgesetze machen aber keinen Unterschied zwischen beiden Richtungen der Zeit.«

»Was ich glaube verstanden zu haben, ist dies: Um vorhersagen zu können, wie das Universum begonnen hat, brauchst du Gesetze, die auch für den Anfang der Zeit gültig sind. In der realen Zeit erstreckt sich diese entweder unendlich weit in die Vergangenheit, oder sie beginnt mit einer Singularität. Die reale Zeit ist dann wie eine Linie, die vom Urknall, falls es den überhaupt gegeben hat, bis zum Großen Kollaps reicht, falls es den überhaupt geben wird. In der Vorstellung der imaginären Zeit verläuft die Zeitrichtung in rechten Winkeln zur realen Zeit. In dieser imaginären Zeitrichtung gibt es keine Singularitäten, die einen Anfang oder ein Ende des Universums bilden, und die wissenschaftlichen Gesetze behalten ihre Gültigkeit. Das Universum wäre einfach da, wie du formuliert hast, es würde weder erschaffen noch zerstört.«

»Das ist mein Vorschlag, Paul. Wichtig ist, daß das Wort imaginär hier nichts mit Imagination oder Einbildungskraft zu tun hat. Es greift auf die mathematische Idee der imaginären Zahlen zurück, zum Beispiel die Quadratwurzel aus -1. Imaginäre Zahlen ergeben negative Zahlen, wenn man sie mit sich selbst multipliziert. Multipliziere ich i mit sich selbst, erhalte ich -1; $2i$ mit sich selbst multipliziert ergibt -4 und so weiter. Die imaginäre Zeit wird nicht mit realen, sondern mit imaginären Zahlen gemessen. Dadurch verliert sich der Unterschied zwischen Raum und Zeit vollständig.«

»Nun sind für uns als Beobachter Raum und Zeit natürlich verschiedenartig. Den Raum messen wir mit Zollstöcken, die Zeit mit Uhren. Einstein und Minkowski hatten seinerzeit nachgewiesen, daß die Begriffe von Raum und Zeit, wie sie sich verschiedenen Beobachtern darstellen, nur verschiedene Aspekte einer einheitlichen Idee, der Raumzeit sind. Diese Raumzeit wurde durch eine vierdimensionale Geometrie beschrieben, in der eine imaginäre Zeitkoordinate verwendet wird. Gibt es einen Unterschied zwischen dieser Raumzeit und deinem Konzept einer imaginären Zeit, Daniel?«

»Ja, den gibt es: Bei Einstein und Minkowski sind die Begriffe von Raum und Zeit noch unterschieden. Wenn ich nun die Zeitrichtungen mit Hilfe imaginärer Zahlen messe, kommt es zu einer vollkommenen Symmetrie zwischen Zeit und Raum. Diese mathematische Einfachheit der imaginären Zeit liegt dem ›Keine-Grenzen-Ansatz‹ zugrunde—meiner Hypothese, daß die Grenzbedingung des Universums ist, daß es keine Grenze hat.«

»Die imaginäre Zeit ist also lediglich eine mathematische Idee, einen erfahrungsmäßigen Zugang zu dieser Zeit gibt es für uns nicht?«

»So ist es, sie bringt als mathematische Idee die Schönheit der physikalischen Gleichungen zum Ausdruck, in diesem Falle eine bestimmte Hypothese über die Anfangsbedingungen des Universums.«

»Könnte es sein, daß diese Schönheit der Gleichungen auf etwas verweist, was mathematisch nicht direkt darstellbar ist?« fragte Brak.

»Diese Frage verstehe ich nicht, wahrscheinlich hast du wieder irgendeine philosophische Idee im Kopf!«

»Das ist möglich, vielleicht sogar die Idee der Ideen, aber lassen wir das zunächst noch. Ich vermute, daß du den uns mehr oder

weniger bekannten Zeitbegriff in der Nähe des Anfangs des Universums loswerden willst—und damit solche Fragen wie:
Gab es vor dessen Anfang eine unendliche Zeit?
Gab es eine endliche Zeit?
Hat das Universum einen absoluten Anfang in der Zeit?«
»Genau, die uns bekannte Zeit hatte einen Anfang, aber es gibt einen Punkt, jenseits dessen die üblichen Vorstellungen von der Zeit ihre Gültigkeit verlieren. Die imaginäre Zeit hat keinen Rand, sie ist wie die Oberfläche der Erde. Sie setzt sich nicht unbedingt ewig fort. Sie ist endlich, so wie die Erde eine endliche Fläche hat, die sich nicht endlos fortsetzt, wenn man nach Norden geht. In gewissem Sinne gibt es ein Ende, denn es gibt einen Punkt, von dem aus man nicht weiter nach Norden gehen kann. In einem anderen Sinne wiederum gibt es dort kein wirkliches Ende. Das heißt also, wenn ›Norden‹ für vorwärts in der Zeit, ›Süden‹ für rückwärts steht, wechselt beim Überschreiten des Südpols die Zeit ihre Richtung von ›rückwärts‹ zu ›vorwärts‹. Die Frage nach einem frühesten Zeitpunkt ist so sinnlos, wie es die an Roald Amundsen wäre, warum er nicht weiter nach Süden vorgedrungen sei, als er am 14. Dezember 1911 den Südpol erreicht hatte. Ich formuliere noch einen anderen Vergleich. Gegeben sei die Zeichenfolge:

TNNIR NEGER RED.

Die normale Leserichtung entspräche der realen, die rückwärtige der imaginären Zeit. Was im Kontext der imaginären Zeit einfach ist, sieht in der normalen Zeit sinnlos und kompliziert aus. Wenn man nun genauso das Universum statt in die reale in die imaginäre Zeit einbettet, wird glatt, was zuvor gekrümmt und singulär, also unendlich war. Die imaginäre Zeit ist eine Umsetzung der realen, die auf das Universum wie ein Entzerrungsspiegel wirkt. Mein Modell des Universums hat keinen Anfang und kein Ende, keine

Rand in Raum oder Zeit. Es kennt keine Schöpfung. Daß eine der vier Koordinaten als *Zeit* auftritt, ist eine Konsequenz von Prozeßen im Innern des Universums. Außerhalb gibt es nichts.«
»Wenn das Universum an seinem Anfang keine Grenze hat, ist es wie das Band von Möbius ein in sich geschlossenes Ganzes, das für sich existiert, ohne daß Gott es geschaffen hat.«
»So ist es, mein Freund. Viele Menschen glauben, Gott sei nötig gewesen, um das Uhrwerk aufzuziehen und über den Anfang zu entscheiden. Solange das Universum einen Anfang hat, ist die Annahme sinnvoll, daß es einen Schöpfer gibt. Wenn das Universum aber völlig in sich selbst abgeschlossen ist, wo bleibt dann noch Raum für einen Schöpfer?«
»Dein Modell des Universums, das lediglich dein Modell und nicht das Universum selbst ist, ähnelt irgendwie einem Kreis, in dem es auch keinen Anfang und kein Ende gibt. Aber wer hat den Kreis erschaffen? Was ist mit den Prozeßen im Innern des Universums, von denen du gerade gesprochen hast? Auch wenn du den Schöpfer los bist, wogegen ich gar nichts einzuwenden habe: Was ist mit den schöpferischen Prozeßen, die in der Natur neue Formen hervorgebracht haben, vom Menschen und seiner Kreativität in Kunst und Wissenschaft ganz zu schweigen?«
»Da stimme ich dir sofort zu, Paul. Ich will ja auch nur darauf hinaus, daß die Art und Weise, wie das Universum begonnen hat, von den physikalischen Gesetzen bestimmt wird. Über die Frage, ob Gott existiert, was immer man darunter verstehen mag, ist nichts gesagt, nur daß er nicht willkürlich ist.«
»Also hat Einstein recht, daß ›der Alte weder boshaft ist noch würfelt‹!« unterbrach Brak seinen Freund.
»Was ich sagen wollte, ist, daß Gott bei der Erschaffung des Universums keinerlei Freiheit hatte, wenn meine ›Keine-Grenzen-Bedingung‹ zutrifft. Seine einzige Freiheit hätte darin bestanden,

die Gesetze zu wählen, denen das Universum gehorcht.«
»Lieber Daniel, das klingt alles sehr eindrucksvoll und feinsinnig. Ich habe aber in deinen Büchern zu diesem Thema einige Passagen gefunden, die mir nun aber doch sehr fragwürdig erscheinen. Ich versuche, den Nebel zu durchdringen, in den mich deine mathematischen Abstraktionen, die mir nicht mehr imponieren, eingehüllt haben, und lese dir einmal etwas vor—mit der Bitte, daß du dann ein klärendes Wort sagst.«
Brak holte aus seiner Tasche EINE KURZE GESCHICHTE DER ZEIT, schlug die Seite 177 auf und las: ›Der arme Astronaut, der in ein Schwarzes Loch fällt, wird nach wie vor ein böses Ende finden; nur wenn er in der imaginären Zeit lebte, würde er auf keine Singularitäten stoßen. Das könnte zu der Vermutung führen, die sogenannte imaginäre Zeit sei in Wirklichkeit die reale und das, was wir die reale Zeit nennen, nur ein Produkt unserer Einbildungskraft. In der realen Zeit hat das Universum einen Anfang und ein Ende an Singularitäten, die für die Raumzeit eine Grenze bilden und an denen die Naturgesetze ihre Gültigkeit verlieren. In der imaginären Zeit dagegen gibt es keine Singularitäten oder Grenzen. So ist möglicherweise das, was wir real nennen, lediglich ein Begriff, den wir erfinden, um unsere Vorstellung vom Universum zu beschreiben.‹
Brak machte eine kleine Pause, die Albertson sofort nutzte: »Was ist das Problem in meinen Formulierungen? Ist doch alles klar, oder?« Brak reagierte ärgerlich: »Nun höre mir aber mal gut zu, Daniel! Das ist ziemlich starker Tobak, was du da formuliert hast! Mit dem Realitätsbegriff gehst du erstaunlich locker um! Ist jetzt auf einmal die imaginäre Zeit realer als die reale und die reale imaginärer als die imaginäre Zeit? An anderer Stelle hast du einmal formuliert, daß die imaginäre Zeit vielleicht in Wirklichkeit die reale Zeit und die reale Zeit nur ein Phantasieprodukt sei. Was

ist denn deine imaginäre Zeit für ein Produkt? Und noch etwas: Müßten wir nicht vor Einführung der Unterscheidung zwischen realer und imaginärer Zeit erst einmal wissen, was Zeit überhaupt ist?«

»Rege dich nicht auf, mein Freund. Du weißt doch aus der Lektüre meiner Bücher, daß ich wissenschaftstheoretisch gesehen Sir Karl R. Popper nahe stehe, also: Meine Theorie ist nicht mehr als ein mathematisches Modell zur Beschreibung von Beobachtungen, es existiert nur im Kopf. Daher ist es sinnlos zu fragen, ob die reale oder die imaginäre Zeit *wirklich* ist. Es geht allein darum, welche von beiden die nützlichere Beschreibung ist.«

»Das machst du dir zu einfach,« erwiderte Brak: »Ein reiner Mathematiker dürfte vielleicht so argumentieren, wie du es getan hast, aber du bist schließlich Physiker, oder nicht? In deiner Wissenschaft geht es nicht nur um mathematische Kreativität und ständig neue Abstraktionen oder die größere Praktikabilität dieser oder jener Rechenmethode nach dem Motto: Wenn ich mit natürlichen oder reellen Zahlen nicht weiterkomme, verwende ich eben imaginäre.

Nein! Du mußt dir auch Klarheit darüber verschaffen, was die Begriffe ›wirklich‹, ›real‹ und ›imaginär‹ zu bedeuten haben und welches erkenntnistheoretische Verhältnis zwischen Mathematik und Erfahrung, zwischen deduktiv-axiomatischen und induktiv-empirischen Methoden besteht.«

»Ich denke ja gar nicht daran, mich auf das Glatteis fruchtloser philosophischer Spitzfindigkeiten führen zu lassen,« antwortete Albertson in gereiztem Ton.

Brak konterte aggressiver als sonst: »Was für den Esel Glatteis ist, ist für den geübten Schlittschuhläufer eine wunderbare Fläche! Was ich sagen will, ist folgendes: Die reine Mathematik ist ein wunderbares Spiel mit Gedanken, in dem es selbstverständlich

erlaubt ist, beliebig angenommene Zusammenhänge zu analysieren und auch mit imaginären Zahlen zu rechnen. In deiner Wissenschaft aber wird sie zur Interpretation von Erfahrungen und Experimenten herangezogen, d.h. es bedarf im Kontext der Physik einer Übersetzung der mathematischen Symbole, Formeln und Ergebnisse in eine anschauliche Sprache. Wie sonst soll eine sinnvolle Verständigung etwa über den Gehalt einer Formel möglich sein, bei der es ja in der Physik wohl nicht nur darum geht, ob sie rein rechnerisch aufgeht, sondern auch darum, für welches Seiende oder für welchen Teilbereich oder Aspekt des Seienden sie Gültigkeit hat. Anders gesagt: ich habe die Vermutung, daß für dich physikalisches Erkennen und Rechnen identisch sind.«
»Ich bin der Auffassung, daß die Forscher, die für Fortschritte in der theoretischen Physik sorgten, nicht in den Kategorien der Philosophen und Wissenschaftstheoretiker gedacht haben. Einstein, Heisenberg und Dirac etwa haben sich nie darum gekümmert, ob sie nun Positivisten, Realisten, Instrumentalisten, Idealisten oder Materialisten waren. Ihnen ging es vielmehr um die logische Stimmigkeit ihrer Theorien, die zuerst als mathematische Modelle erfunden wurden, aus denen sich dann Vorhersagen ableiten ließen, die anhand von Beobachtungen überprüft werden konnten. Die Übereinstimmung zwischen Vorhersagen und Beobachtungen sind zwar kein Beweis der Theorie, aber sie überlebt dann und macht vielleicht weitere überprüfbare Vorhersagen. Aufgegeben wird sie, wenn die Beobachtungen nicht mehr mit den Vorhersagen übereinstimmen.«
»Ganz so einfach scheinen mir die Dinge nicht zu liegen, denn die Beobachtungen werden wahrscheinlich im Kontext anderer theoretischer Vermutungen gemacht. Ich stimme dir aber zu, daß Überprüfbarkeit und Revisionsbereitschaft notwendige Bedingungen der wissenschaftlichen Forschung sind. Was du aber eben von

deinen Kollegen behauptet hast, stimmt so nicht! Ich erinnere dich nur an deine Ausführungen zur Quantentheorie: Wie leidenschaftlich wurde in der ersten Hälfte des 20. Jahrhunderts über erkenntnistheoretische und ontologische Fragen gestritten! Du versuchst, die Gräben, die sich auch zwischen Einstein und Bohr auftaten, mathematisch leichtfüßig zu überspringen, fällst aber ins Wasser. Muß ich dich daran erinnern, was Einstein einmal auf die Frage antwortete, ob er glaube, daß es einmal möglich sein würde, einfach alles auf naturwissenschaftliche Weise, also in mathematischer Form abzubilden? Er sagte: ›Ja, das ist denkbar, aber es hätte doch keinen Sinn. Es wäre eine Abbildung mit inadäquaten Mitteln, so als ob man eine Beethoven-Symphonie als Luftdruckkurve darstellte‹.

Ich bin übrigens der Auffassung, die ich noch begründen werde, daß er sich geirrt hat, weil er Gödels Theorem nicht berücksichtigt hat: Es wird niemals möglich sein, alles in mathematischer Form abzubilden!«

»Und dennoch war er bis zu seinem Lebensende auf der Suche nach der einheitlichen Feldtheorie, seiner Variante der Theorie für Alles,« erwiderte Albertson.

»Natürlich war er das,« antwortete Brak, »aber mit viel größerem philosophischen Problembewußtsein als du, von Bohr und Heisenberg ganz zu schweigen! Letzterer schrieb einmal, daß man sich immer wieder klarmachen müsse, daß die Wirklichkeit, von der wir sprechen können, nie die Wirklichkeit an sich sei, sondern eine gewußte Wirklichkeit oder sogar in vielen Fällen eine von uns gestaltete oder konstruierte Wirklichkeit.«

»Ich weiß, daß die Philosophen mit mir wegen meines Konzepts einer imaginären Zeit hart ins Gericht gehen. Wie, so fragen sie, kann die imaginäre Zeit das geringste mit dem realen Universum zu tun haben? Wahrscheinlich verwechseln diese Kritiker die Art,

wie die mathematischen Termini ›reelle‹ und ›imaginäre‹ Zahl verwendet werden, mit dem Gebrauch der Begriffe ›real‹ und ›imaginär‹ in der Alltagssprache. Außerdem haben sie nichts aus der Geschichte gelernt. Seit Kopernikus und Galilei müssen wir uns mit dem heliozentrischen Weltbild abfinden. Seit Einstein müssen wir uns mit der Relativität der Zeit und des Raumes abfinden, seit der Entdeckung der Quantentheorie müssen wir davon ausgehen, daß das Universum jede mögliche Geschichte hat, und nun müssen wir uns halt mit dem Konzept der imaginären Zeit abfinden. Eines Tages werden wir die imaginäre Zeit für ebenso selbstverständlich halten wie heute die Erkenntnis, daß die Erde rund ist.«
»Also mein Lieber, jetzt hast du sämtliche Probleme rhetorisch elegant hinwegzureden versucht, bist aber nicht substantielle auf nur eine meiner Fragen wirklich eingegangen!«
»Dein Gehirn ist eine Nährlösung für Fragezeichen, Paul.«
»Denken heißt Fragen!« konterte dieser und fuhr fort: »Also gut, Daniel, wir schließen erst einmal einen Waffenstillstand. Ich wollte je ohnehin noch einmal ausführlich über meine Bedenken hinsichtlich deines Projektes sprechen. Meine besten Verbündeten dabei sind übrigens deine Träume, die meinen Verdacht nähren, daß du genauso wie Einstein, Dirac und Heisenberg einer Idee nachgehst, einer möglicherweise fixen Idee, und nicht überrascht zu sein brauchst, daß du in der Sache nicht wirklich vorankommen wirst—wie deine Vorgänger! Da fällt mir gerade ein, daß wir immer noch nicht ein Element des zweiten Traums verstanden haben, nämlich den Zwerg, der wiederholt einen Stein aus der Faust fallen läßt.«
»Ich schlage vor, daß wir zum Ausklang unseres heutigen Gesprächs und zur wechselseitigen Beruhigung noch eine Tasse Tee miteinander trinken und Musik hören,« schlug Albertson vor: »Bei der nächsten Begegnung können wir ja dann noch einmal

unsere unterschiedlichen Standpunkte erörtern. Ich bin sehr gespannt auf deine anderen Einwände gegen die Möglichkeit einer Theorie für Alles, die ja eine überzeugende Verbindung von allgemeiner Relativitätstheorie und Quantentheorie wäre. Teilweise hast du ja heute schon die Katze aus dem Sack gelassen, wenn auch nicht die von Erwin Schrödinger.«

»Die ohnehin in einer Kiste saß und nur mit der Wahrscheinlichkeit von 50% lebendig herauskam,« parierte Brak den kleinen Scherz seines Freundes, der darum bat, Beethovens Streichquartett Opus 132 aufzulegen.

Der Butler brachte frischen Tee und Gebäck, und die Freunde vereinbarten, sich acht Tage später erneut zu treffen.

»Diese Woche brauche ich dringend, um meine Einwände gegen die erfolgreiche Durchführbarkeit deines Projekts zu klären und zu systematisieren,« meinte Brak zum Abschied.

»Ich hoffe, daß ich erst einmal von nächtlichen Preisverleihungsversuchen, mißglückten Würfelspielen und Flugabstürzen verschont bleibe. Und packe dir fürs nächste Gespräch nicht zu viele Giftpfeile gegen mich in deinen Köcher! Ich brauche jemanden, der mich motiviert und mir Mut macht. Meine eigenen Zweifel machen mir manchmal schon genug zu schaffen,« sagte Albertson.

»Ich werde alles tun, um deine Zweifel zu verstärken, Daniel!«

»Du bist ein ekelhafter Mensch, Paul! Nun gehe schon und präpariere deine Pfeile,« sagte Albertson grinsend.

Brak nahm seine Tasche, an der Tür drehte er sich noch einmal um und meinte:

»Du kommst mir wie jener Mann vor, der nachts im Lichtkegel einer Straßenlaterne einen Schlüssel suchte. ›Sind sie sicher, daß sie ihn hier verloren haben?‹ fragte ein angetrunkener Spätheimkehrer den eifrigen Sucher. ›Nein‹, antwortete dieser, ›aber hier sehe ich wenigstens etwas‹.«

Albertson schnitt eine Grimasse, Brak lächelte zurück: »Du solltest dir jeden Tag einmal von deiner Lieblingsgruppe das Lied LET IT BE anhören,« sagte er und winkte noch einmal beim Hinausgehen.
Albertson genoß seinen Tee und schaute nachdenklich aus dem Fenster. Er hatte nie geglaubt, daß ihm ein Nicht-Physiker so zusetzen konnte.
Dann vergegenwärtigte er sich noch einmal die drei Möglichkeiten, die es hinsichtlich der gesuchten Theorie gab:
1. Es gibt eine vollständige einheitliche Theorie der Quantengravitation, die eines Tages, vielleicht von ihm selbst, entdeckt werden wird.
2. Es gibt keine endgültige Theorie des Universums, sondern lediglich eine unendliche Folge von Theorien, die das Universum von mal zu mal genauer beschreiben.
3. Es gibt keine Theorie des Universums. Ereignisse können nur bis zu einem gewissen Maß an Genauigkeit vorhergesagt werden; jenseits dessen treten sie zufällig und beliebig auf.
Albertson erinnerte sich an viele Reaktionen seiner Kritiker. Vor allem die Religiösen unter ihnen neigten der dritten Möglichkeit zu, weil ein vollständiges System von Gesetzen Gottes Freiheit einschränken würde, verändernd in die Welt einzugreifen.
Er hielt es für unwahrscheinlich, daß Brak ein Vertreter dieser Position war. Aus den wenigen Anmerkungen seines Freundes ging hervor, daß er zu keinerlei Spekulationen über Gott bzw. dessen Verhältnis zur Welt bereit war. Außerdem schien er auch der Auffassung zu sein, daß es keinen Schöpfer gab. Wahrscheinlich neigte er der zweiten Möglichkeit zu.
Albertson vergegenwärtigte sich noch einmal seinen eigenen Standpunkt:
Zwar könnte man erwarten, daß noch weitere Aufbauschichten der Materie entdeckt werden, die noch elementarer als die heute als

Elementarteilchen geltenden Quarks und Elektronen sind. Es scheint aber, als könnte die Gravitation dieser Folge von Schachteln in Schachteln ein Ende setzen. Wenn ein Teilchen eine Energie über der Grenze der Planckschen Energie hätte, würde es sich aufgrund seiner Energiekonzentration vom übrigen Universum trennen und ein kleines Schwarzes Loch bilden.

Albertson war der Überzeugung, daß die Folge von immer genaueren Theorien irgendwo ein Ende haben müsse, wenn immer höhere Energien ins Spiel kämen. Daher war für ihn eine endgültige Theorie des Universums möglich. Die Untersuchung des frühen Universums und die Forderung mathematischer Widerspruchsfreiheit waren gute Voraussetzungen für die baldige Entdeckung einer vollständigen einheitlichen Theorie. Wenn diese Theorie mathematisch schlüssig wäre und Vorhersagen lieferte, die sich mit den Beobachtungen deckten, könnte man mit großer Sicherheit davon ausgehen, die richtige Theorie gefunden zu haben.

Damit wäre ein langes und ruhmreiches Kapitel in der Geschichte des menschlichen Bemühens um das Verständnis des Universums abgeschlossen.

Albertson bat seinen Butler, im Edith Piafs JE NE REGRETTE RIEN aufzulegen—und folgte nicht dem Vorschlag seines Freundes, LET IT BE von den Beatles zu hören.

Seine durch den letzten Albtraum ausgelösten intensiven Ängste vor Vernichtung waren weitgehend abgeklungen. An ihre Stelle trat aber ein starkes Gefühl von innerer Unruhe und Spannung, das Albertson erst richtig bewußt wahrnahm, als sein Freund gegangen war.

Wenn es tatsächlich eine Korrespondenz zwischen bewußten und unbewußten Prozeßen gab, zeigten seine Träume mindestens zweierlei an:

1. Sie inszenierten mit symbolischen Mitteln sein bisher ungelöstes theoretisches Problem, das ihm auch tagsüber manchmal schmerzliche Gefühle bereitete. Die gesuchte und erhoffte Verbindung von allgemeiner Relativitätstheorie und Quantentheorie, die Quantentheorie der Gravitation oder Theorie für Alles war noch nicht gelungen. Die merkwürdigen Träume würden verschwinden bzw. nicht wiederkehren, wenn er der Lösung seines theoretischen Problems, das vielleicht mehr als nur ein wissenschaftliches Problem war, näher gekommen bzw. wenn dieses Problem endgültig gelöst wäre.

2. Schon lange vor diesen Träumen hatte er immer wieder Zweifel an der erfolgreichen Durchführbarkeit seines titanischen Projekts geäußert, die natürlich durch sein intensives Nacht-Leben nicht gemindert wurden. Möglicherweise waren die Träume ein Indikator für die prinzipielle Unlösbarkeit seines Problems—darüber würde sich sein Freund bestimmt sehr freuen.

Albertson leuchteten dessen bisher sporadisch vorgetragenen Einwände nicht ein. Vielleicht war die eine oder andere Formulierung in seinen Büchern ja wirklich mißverständlich und provozierend ausgefallen und erregte daher philosophisches Ärgernis, aber wissenschaftstheoretisch hielt er seine Position für gesichert. Es war nun einmal die Aufgabe des theoretischen Physikers, mathematische Modelle zu konstruieren, Vorhersagen abzuleiten und diese der Überprüfung durch Beobachtungen auszusetzen.

Was war daran anstößig? Er beschloß an dieser Stelle, sich nicht länger die Gedanken seines Freundes zu machen. Sollte der doch selbst seine Pfeile spitzen! Dennoch sah er der kommenden Begegnung mit Spannung entgegen.

FREUNDE

oder

MÈTA TÀ PHYSIKÀ

Als Brak zuhause ankam, nahm er zuerst ein langes warmes Bad zur Entspannung.
Das Gespräch mit seinem Freund war anstrengend gewesen. Seine Ausführungen zum Verhältnis von realer und imaginärer Zeit waren nicht nur sehr abstrakt, sondern auch äußerst verwirrend. Er schien tatsächlich zu meinen, philosophische Fragen und Probleme ignorieren und durch mathematische Lösungsversuche ersetzen zu können. Vielleicht war er noch der festen Überzeugung, daß die Mathematik die Königin der Wissenschaften sei und ein prinzipiell vollständiges, widerspruchsfreies System von Symbolen für alle natürlichen Dinge und Vorgänge, sogar für die Zeit, darstellte.
Braks Eindruck war, daß Albertson mit seinem Sprung in die Höhen mathematischer Abstraktionen die philosophischen Themen und Probleme der wissenschaftstheoretischen Kontroverse zwischen den Hauptrepräsentanten der beiden Theorien, an deren Vereinigung er so leidenschaftlich arbeitete, überspielte.

Zwar hatte sein Freund immer wieder betont, daß die Relativitätstheorie eine klassische Theorie war, welche die Unschärferelation der Quantentheorie nicht enthielt. Er hatte aber offenbar die erkenntnistheoretischen Gründe für die Unvereinbarkeit beider Theorien nicht erkannt und versuchte sich vielleicht deshalb an der Quadratur des Kreises.

Nachdem er sein Bad beendet hatte, beschäftigte sich Brak zunächst noch einmal intensiv mit der Geschichte der Versuche zur Vereinheitlichung und Vollendung der Physik.

Beim Versuch, allgemeine Relativitätstheorie und Quantentheorie zu verbinden, kamen drei Möglichkeiten in Betracht:

1. Relativitäts- und Quantentheorie sind Teiltheorien, die in einer vollständigen, widerspruchsfreien und einheitlichen Theorie als Näherungen zusammengefaßt werden können—dies war wohl Albertsons Hoffnung.

2. Die Quantentheorie ist Teil einer umfassenden Theorie, der Einheitlichen Feldtheorie. Einstein selbst verbrachte einen großen Teil seines späteren Lebens mit der erfolglosen Suche nach dieser Theorie, welche neben Anderem auch die ›verdammte Quantenspringerei‹ und den ›statistischen Fimmel‹ des Zufalls beseitigen sollte.

3. Die Quantentheorie ist nicht nur ein allgemeiner Rahmen der Physik, sondern bei einer entsprechenden Interpretation, die sie als ›Theorie der Information‹ auffaßt, in gewissem Sinne schon die einheitliche Physik. In ihr ist die Herleitung der speziellen Relativitätstheorie bereits möglich, die der allgemeinen Relativitätstheorie (Gravitationstheorie) aber (noch?) nicht (Carl Friedrich von Weizsäcker, Holger Lyre).

Die Physik strebt ihrer Natur nach dahin, eine einzige abgeschlossene Theorie zu werden.

Brak ging zunächst der zweiten Möglichkeit nach: Zu Einsteins

Zeit gab es Teiltheorien für zwei Grundkräfte des Universums, die Gravitation und die elektromagnetische Kraft, aber über die starke und schwache Kernkraft war damals noch wenig bekannt. Außerdem lehnte Einstein die Quantentheorie zeit seines Lebens ab. Die Einheitliche Feldtheorie, nach der er suchte, sollte Makro- und Mikrokosmos zusammenführen. Einstein wollte das ganze Universum als ein elementares Feld enthüllen, in dem jeder Stern, jedes Atom, die kreisende Milchstraße und jedes Elektron nur als Welle oder Schwingung eines ihnen zugrunde liegenden Raum-Zeit-Kontinuums erscheinen, in dem das Plancksche Wirkungsquantum h nicht vorkam. Die Unterschiede zwischen Gravitation und elektromagnetischer Kraft, Materie und Energie, Raum und Zeit würden im Lichte dieser Theorie verblassen und sich als Konfigurationen des vierdimensionalen Raum-Zeit-Kontinuums erweisen.

Alle Wahrnehmungen des Menschen und seine abstrakten Erkenntnisse würden verschmelzen, und es würde sich die tiefe Einheit des Universums enthüllen. Bei seinem Ringen um die Weltformel hat Einstein oft ausgerufen: ›Ich brauche mehr Mathematik!‹. Bei der allgemeinen Relativitätstheorie hatte er das Glück, die Riemannsche Geometrie vorzufinden. Warum aber hatte dann Riemann nicht selbst die allgemeine Relativitätstheorie entdeckt? Dies bestärkte Brak in seiner Kritik an Albertson, daß man in der Physik eben mehr als Mathematik braucht. Man benötigt so etwas wie einen physikalischen Leitstern, der es dem Forscher ermöglicht, im Uferlosen nicht irrezugehen. Diesen Leitstern besaß Einstein bei der Entwicklung der speziellen Relativitätstheorie in der Konstanz der Lichtgeschwindigkeit, bei der Entdeckung der allgemeinen Relativitätstheorie im Prinzip der Ununterscheidbarkeit von Trägheits- und Gravitationseffekten. Bei der Suche nach der Einheitlichen Feldtheorie tappte er im dunkeln, außerdem kannte er nur zwei von vier elementaren Naturkräften und steckte vor den ›bösen Quanten‹ den Kopf in den Sand. Er klopfte die Mathematik nach Brauchbarem ab, ohne zu wissen, ob es das Gesuchte überhaupt gab.

Im Jahr 1955, etwa einen Monat vor seinem Tode, zog er Bilanz: ›[...] erscheint es überhaupt zweifelhaft, ob eine Feldtheorie von der atomistischen Struktur der Materie und der Strahlung sowie von den Quanten-Phänomenen Rechenschaft geben kann. Die meisten Physiker werden unbedenklich mit einem überzeugten Nein! antworten, da sie glauben, daß das Quantenproblem in anderer Art im Prinzip gelöst sei. Wie dem auch sei, bleibt uns Lessings tröstliches Wort, das Streben nach Wahrheit sei köstlicher als deren gesicherter Besitz.‹

Und bereits 1948 hatte er zugegeben, daß die heutige Situation ungeachtet aller Erfolge, ›durch die Ungewißheit in der Wahl der grundlegenden theoretischen Ansätze gekennzeichnet ist.‹

Brak wurde durch solche Formulierungen in seiner Auffassung bestärkt, daß sein Freund zwar physikalisch reicher als Einstein war, weil er die Quantentheorie irgendwie, auf jeden Fall in mathematischer Hinsicht, berücksichtigte, daß Einstein aber philosophisch tiefer war als Albertson, der offensichtlich die erkenntnistheoretische Revolution der Quantentheorie gar nicht ernsthaft zur Kenntnis nahm und im Hinblick auf Einsteins philosophische Haltung erheblich unter dessen Niveau blieb, der einmal formuliert hatte: ›Naturwissenschaft ohne Erkenntnistheorie ist [...] primitiv und wirr.‹

So hatte Albertson tatsächlich mehrmals behauptet, daß die Unschärferelation wohl eine elementare Eigenschaft des Universums sei. Damit interpretierte er diese Relation ontologisch, also als eine Struktur des Seienden und der objektiven Realität. Ein solches Realitätsverständnis ist aber mit der Quantentheorie gerade unvereinbar, da sie auf den Glauben an eine objektive Realität der physikalischen Objekte verzichtet. Der Kernbegriff der Quantentheorie ist wohl der Begriff der *Wahrscheinlichkeit*. In dieser Theorie ist der Inhalt des Wissens, also das Gewußte, die Ψ-Funktion, ein Wahrscheinlichkeitskatalog, also selbst ein Wissen. Objekte und Gegenstände gibt es aber nur für Subjekte, denen sie entgegen-stehen.

Brak war sich ziemlich sicher, daß Albertson am Realitätskonzept der klassischen Physik, also auch dem von Albert Einstein, festhielt und die Quantentheorie lediglich in mathematischer Hinsicht verwendete, ohne die gravierenden Unterschiede zwischen beiden Realitätskonzepten zu berücksichtigen.

Einstein hatte einmal die folgende Definition des Realen gegeben: ›Die Physik ist eine Bemühung, das Seiende als etwas begrifflich zu erfassen, was unabhängig vom Wahrgenommen-Werden gedacht wird. In diesem Sinne spricht man vom Physikalisch-Realen. In der Vor-Quantenphysik war kein Zweifel, wie dies zu verstehen sei. In Newtons Theorie war das Reale durch materielle Punkte in Raum und Zeit, in der Maxwellschen Theorie durch ein Feld in Raum und Zeit dargestellt. In der Quantenmechanik ist es weniger durchsichtig.‹

Das philosophische Schlüsselwort in dieser Formulierung Einsteins war wohl das Seiende im ersten Satz. Bei seinem Versuch, den Realitätsbegriff der klassischen Physik, dem Einstein und wohl auch Albertson anhingen, besser zu verstehen, wurde Brak in den Publikationen eines Physikers fündig, der zugleich Philosoph war. Zwar waren auch u.a. Max Planck, Niels Bohr und Werner Heisenberg Physiker und Philosophen in Personalunion, aber erst in den Gedankengängen und Reflexionen von Carl Friedrich von Weizsäcker fand er jene außergewöhnliche Verbindung von naturwissenschaftlicher und geisteswissenschaftlicher Kompetenz, die er bei seinem Freund so schmerzlich vermißte. Diese doppelte Kompetenz war unbedingt nötig, um das anstehende Thema angemessen wahrnehmen und reflektieren zu können.

Weizsäcker legte in seinem AUFBAU DER PHYSIK überzeugend dar, daß die gesamte philosophische Richtung des Realismus, den auch die klassische Physik vertrat, ihren Zentralbegriff der ›Realität‹ nicht durch eine Definition erklären kann, sondern ihn als selbstverständlich voraussetzt. Dahinter steckt aber ein Grundproblem:

Wenn es einen begrifflichen hierarchischen Aufbau der Philosophie überhaupt geben kann, was wahrscheinlich unmöglich ist, so muß es einen oder wenige Grundbegriffe geben, die nicht durch kunstgerechte Definition auf noch andere Begriffe zurückgeführt werden. In der griechischen Philosophie bei Parmenides, Platon und Aristoteles etwa wurde dieses Problem bereits bedacht—ihr zentraler Grundbegriff war das *Sein*, ein zutiefst rätselhafter Begriff. Die griechische Philosophie wollte nicht bloß Teile der Wirklichkeit, sondern das Ganze denken: Es geht um die Einheit des Seienden, das Sein des Einen und die Einheit des Einen. Ihr Begriff des Seins verband sich mit dem religiösen Blick aufs Ganze, sie war letztlich Onto-Theologie, wie Martin Heidegger gezeigt hatte. ›Gott‹ war dann der populäre Name für das *Eine*, das bei Parmenides das ›Seiende‹, bei Platon das ›Gute‹ und bei Aristoteles der ›Geist‹ genannt wurde. Das ewige Sein Gottes gewährleistete in dieser Tradition das von sich selbst her unvollkommene, wandelbare Sein aller einzelnen Dinge.

Die klassische Physik ging formal den entgegengesetzten Weg, indem sie den Begriff vom Sein ihrer Gegenstände anhand der Dinge des Alltags prägte, die sie um der mathematischen Beschreibung willen zu raumerfüllenden Körpern und schließlich zu Systemen von Massepunkten stilisierte. Während sie von den Dingen den Namen für Sein, also Realität, Dinghaftigkeit, gewann, übernahm sie von der griechischen Metaphysik den Glauben an die Einheit des Seins.

Alles Seiende sollte *diesem* Seinsbegriff unterworfen werden, wodurch das Weltbild entstand, das Einstein in seiner Jugend kennen gelernt hatte. Seine Entscheidung im Konflikt mit den führenden Repräsentanten der Quantentheorie war letztlich metaphysisch bestimmt: ›Gott würfelt nicht!‹ oder ›Raffiniert ist der Herrgott, aber boshaft ist er nicht.‹ ›Gott‹ war hier der Gott Spinozas, der sich in der gesetzlichen Harmonie des Seienden offenbarte, und Spinozas Gott war der Gott der griechischen Metaphysik.

Die Zeitlichkeit empfand Einstein als nur subjektiv. Kurz vor seinem eigenen Tode schrieb er den Hinterbliebenen seines Jugendfreundes Besso: ›Nun ist er mir auch mit dem Abschied von dieser sonderbaren Welt ein wenig vorausgegangen. Dies bedeutet nichts. Für uns gläubige Physiker hat die Scheidung zwischen Vergangenheit, Gegenwart und Zukunft nur die Bedeutung einer wenn auch hartnäckigen Illusion.‹

Dieses Wort scheint den Trost einer ewigen Gegenwart zu enthalten. Wie Weizsäcker dargelegt hat, meint ›gläubig‹ den Glauben der Physiker an die tiefe, eigentliche Wahrheit der Physik selbst, welche die Einheit des Wirklichen enthüllt, angesichts derer die Scheidung der drei Gestalten der Zeit bloß eine hartnäckige Illusion ist.

Dies war von Einstein durchaus im Sinne der griechischen Metaphysik gedacht: Bei Platon war die Zeit ›das nach der Zahl fort schreitende Abbild der Ewigkeit‹.

Die ewige Gegenwart stellte sich aber für Einstein unter dem Bilde des Raum-Zeit-Kontinuums der Relativitätstheorie dar, also nicht als eine die Mathematik übersteigende ursprüngliche Einheit, sondern als ein ausgedehnter vierdimensionaler Raum. Der

Raum umfaßte in diesem Modell auch die Zeit und war selbst ein Seiendes, eine objektive Realität, in der das stets neue ›Jetzt‹ nicht vorkam.

Brak vermutete, daß sein Freund Einsteins Modell übernommen hatte, wobei er dessen Tendenz, die Zeit dem Raum gleichzumachen, sogar noch durch sein Konzept der imaginären Zeit radikalisierte. Dadurch erhoffte er sich, das Feld der Mathematisierbarkeit, also der naturgesetzlichen Beschreibung, über die Urknall-Singularität hinaus erweitern zu können.

Diese Reduktion des Wissens auf mathematische bzw. naturgesetzliche Strukturen bedeutete aber keine Rückkehr zur griechischen Philosophie, auch wenn dort die Mathematik wie etwa bei den Pythagoräern und bei Platon eine ausgezeichnete Rolle spielte. In der griechischen Eidos-Philosophie war nämlich die Idee, die Form oder das wahrhaft Seiende, das den Einzeldingen zugrunde liegt, keineswegs nur mathematisierbare Struktur: Es wurde auch als das Gute, das Gerechte, das vollkommen Schöne und als Seele gedacht—und in Platons Symposion wurde Eros als der glückseligste, schönste und beste aller Götter wohl nicht zufällig von einer Frau, der Priesterin Diotima, vorgestellt!

Brak fragte sich: Setzte sich die neuzeitliche Physik durch ihr Exaktheitsideal, durch das Ideal der Mathematisierbarkeit ihrer Erkenntnisse, das zweifellos zu erstaunlichen technischen Erfolgen geführt hat, möglicherweise selbst eine unüberschreitbare Grenze auf ihrem Weg zur Vereinheitlichung, indem sie die Totalität der Wirklichkeit zugunsten dieser Mathematisierbarkeit reduzierte und verengte?

Wurde bei dieser Reduktion das qualitative Denken gegenüber den Zahlen, das in der griechischen Philosophie Zahlenverhältnisse als symbolischen Ausdruck für die Ordnung und Harmonie des Kosmos sah, zugunsten eines quantitativen Denkens vernachlässigt? Hatte Alfred North Whitehead recht, als er schrieb: ›Exaktheit ist ein Schwindel‹?

Er ließ diese Fragen zunächst einmal so stehen und wandte sich der zuvor markierten dritten Möglichkeit hinsichtlich der Vereinigung von allgemeiner Relativitätstheorie und Quantentheorie zu: Vielleicht war die Quantentheorie in gewissem Sinne selbst schon die einheitliche Physik, aus der die allgemeine Relativitätstheorie eventuell abgeleitet werden konnte.

Werner Heisenberg, Carl Friedrich von Weizsäcker, Thomas Görnitz und Holger Lyre vertraten diese Auffassung.

Weizsäcker führte in seinen Publikationen in immer neuen denkerischen Kreisbewegungen unter Anderem aus: ›Das Gefüge physikalischer Theorien, die in den letzten Jahrhunderten entwickelt wurden, strebt einer einheitlichen umfassenden Theorie zu. Die Quantentheorie ist die nächste Annäherung daran, ihr genügen schätzungsweise eine Milliarde von heute bekannten einzelnen Erfahrungstatsachen. Sie ist eine allgemeine Theorie von Wahrscheinlichkeitsprognosen über einzelne empirisch entscheidbare Alternativen. Die gesamte heute bekannte Physik kann möglicherweise auf diese Theorie zurückgeführt werden.‹

In diesem Zusammenhang unterschied Weizsäcker die konkrete Quantentheorie als Theorie der real existierenden Objekte, welche die klassische Physik als Grenzfall enthält, von der abstrakten Quantentheorie, welche die allgemeinen Gesetze der Quantentheorie in mathematischer Gestalt formuliert und die konkrete Quantentheorie als Konsequenz beinhaltet. Ihren Grad universaler Geltung verdankt die abstrakte Quantentheorie der vermuteten Tatsache, daß sie nichts anderes als allgemeine Gesetze der Wahrscheinlichkeitstheorie formuliert, wobei Gesetze für die Änderung der Wahrscheinlichkeiten mit der Zeit eingeschlossen sind.

Aus dieser Perspektive war die Quantentheorie nichts anderes als eine allgemeine Theorie der Wahrscheinlichkeiten, also der Erwartungswerte relativer Häufigkeiten in statistischen Zusammenhängen. Ihr Kern ist keine klassische Logik, sondern eine zeitliche Logik, denn Physik muß sich auf die Zeit beziehen, um Erfahrungswissenschaft sein zu können—und zwar auf die Zeit in der vollen Struktur ihrer drei Modi: Gegenwart, Vergangenheit und Zukunft.

Dabei bekommen die Aussagen über die Zukunft nicht die Wahrheitswerte ›wahr‹ oder ›falsch‹, sondern die futurischen Modalitäten ›notwendig‹, ›möglich‹ und ›unmöglich‹. Die Wahrscheinlichkeit wird so als Quantifizierung futurischer Modalitäten aufgefaßt, sie geht primär auf Zukunft und insofern auf ein Moment in der Struktur der Zeit.

Physik beruht auf Erfahrung. Erfahrung heißt, aus der Vergangenheit für die Zukunft gelernt zu haben. An die Spitze der Bedingungen der Möglichkeit von Erfahrung tritt die Struktur der Zeit selbst in ihren Modi der Gegenwart, der Vergangenheit und der Zukunft. Dabei bedeutet Möglichkeit das Merkmal der Zukunft, Wirklichkeit das Merkmal der Gegenwart, und Faktizität ist vergangene, in Dokumente bewahrbare Wirklichkeit: Vergangenheit ist faktisch.

Was Einstein und Albertson zu eliminieren versuchten, wurde bei Weizsäcker zum Ausgangspunkt seines gesamten Aufbaus der Physik: Die Zeit in ihren drei Modi ist die Voraussetzung des Wissens. Dabei ging er weiter als die Kopenhagener Deutung, indem er die Quantentheorie auch auf entscheidbare Alternativen über seelische und geistige Vorgänge anzuwenden versuchte, ohne damit den Anspruch erheben zu wollen, eine *volle* Beschreibung der Wirklichkeit geben zu können.

Wenn dieser Aufbau erfolgreich war, stellte Einstein genau die Frage nach dem, was alles heutige wissenschaftliche Wissen transzendiert—*Sein*, oder in Heideggers spätphilosophischer Schreibweise im Kontext seiner Fundamentalontologie—*Seyn*, jenseits menschlichen Wissens.

Albertson bewegte sich hier in der gleichen Spur wie Einstein. Führte diese Spur möglicherweise in eine Sackgasse, weil das *Sein*, was immer es sein mochte, als Objekt menschlichen Wissens gedacht und als mathematisch darstellbar aufgefaßt wurde?

Wurde diese Sackgasse vielleicht auch dadurch erzeugt, weil beide die Zeit durch mathematische Operationen beseitigen wollten, was für Einstein im Unterschied zu Albertson immerhin noch ein ernsthaftes Problem darstellte?

In einem Gespräch mit Rudolf Carnap über DAS JETZT Anfang der fünfziger Jahre des vergangenen Jahrhunderts zeigte sich Einstein über das Problem des Jetzt ernstlich beunruhigt und meinte, daß die Erfahrung des Jetzt für den Menschen etwas Besonderes bedeutet, was in der Physik nicht vorkommt.

War nicht das unverfügbare und nicht objektivierbare Jetzt auch die Voraussetzung des begrifflichen, wissenschaftlichen Denkens und Sprechens?

Brak war sich nicht sicher, ob Albertson diese Fragen jemals verstehen würde, und beschäftigte sich noch einmal mit der Beziehung zwischen Quantentheorie und allgemeiner Relativitätstheorie.

Auch Weizsäcker gab mehrfach zu, daß diese Beziehung bis heute nicht voll geklärt ist, obwohl er nach wie vor der Hoffnung zu sein schien, daß es eines Tages eine endgültige, abgeschlossene Theorie der Physik geben könnte, die nicht mehr durch kleine Änderungen zu verbessern wäre. Die relativistische Quantentheorie war nach seiner Auffassung bisher aus zwei wesensfremden Theorien zusammengeleimt, was Brak so interpretierte: Die allgemeine Relativitätstheorie ist eine Theorie der klassischen Physik. Und:

Die Quantentheorie ist eine nicht-klassische Theorie, die sich genötigt sieht, die Rolle des Beobachters, also eines Subjekt des Wissens, ausdrücklich zu thematisieren.
Zwar schien die quantentheoretische Begründung der speziellen Relativitätstheorie keine größeren Probleme zu verursachen, zwischen der allgemeinen Relativitätstheorie und der Quantentheorie besteht aber eine grundsätzliche Spannung: Die allgemeine Relativitätstheorie ist wesentlich lokal (Teilchen und Körper sind lokalisierbare Objekte), die Quantentheorie dagegen ist wesentlich nicht-lokal (Wellen sind Zustände, die prinzipiell den ganzen Raum füllen).
Bei ihrer Versöhnung (!) müßten nach Weizsäcker wohl beide Federn lassen—wahrscheinlich bei beiden Theorien dieselbe Feder, nämlich die strenge Darstellbarkeit der Theorie durch Funktionen im klassischen Raum-Zeit-Kontinuum.
Bei Weizsäcker, Görnitz und Lyre wurde die Quantentheorie als eine Theorie möglichen Wissens dargestellt, nach der es streng genommen überhaupt keine getrennten Objekte, sondern nur *ein* Ganzes gibt (holistischer Charakter der Quantentheorie). Die Quantentheorie ist eine Physik der Ganzheit. Sie ist indeterministisch insofern, als das prognostische Wissen auf quantifizierte Möglichkeiten beschränkt ist, nämlich auf bedingte Wahrscheinlichkeiten. Während die Ontologie der klassischen Physik vier Realitäten kannte: Zeit, Raum, Körper und Kräfte, wobei die beiden letzten später als Teilchen und Felder formalisiert wurden, setzt die Quantentheorie in der von Weizsäcker rekonstruierten Gestalt nur eine Wirklichkeit voraus: die Zeit als Rahmen des Bewußtseins, als Bedingung des Wissens. Vorausgesetzt sind die drei Modi der Zeit:
1. Jetzt wissen wir das Vergangene in Gestalt von Fakten.
2. Jetzt wissen wir das Zukünftige in Gestalt von Möglichkeiten.

3. Das *Jetzt* entrinnt und kehrt nie wieder, ein immer neues *Jetzt* kommt heran. (Die Zeit ist auch die Voraussetzung des Zählens, also der Mathematik.)

Brak seufzte und erinnerte sich an den Satz von Richard Feynman: ›Heute lebt niemand, der die Quantentheorie versteht.‹

Stimmte dieser Satz noch? Das Heute, an dem dieser Satz formuliert wurde, war nicht das Heute von Heute, dem *Jetzt*, das auch schon wieder Vergangenheit geworden war. Aus den Publikationen der drei oben genannten Quantentheoretiker schloß Brak, daß es sehr wohl Physiker gibt, die ihre Theorie verstanden hatten, und machte sich zum Thema DIE ROLLE DER MATHEMATIK IN DER PHYSIK folgende Gedanken: Die Physik bedient sich mathematischer Strukturen zur Beschreibung der Wirklichkeit. In der literarischen und populärwissenschaftlichen Rede von der sogenannten Weltformel steckt die Annahme, daß es eine Formel geben könnte, die das Universum beschreibt und erklärt.

Einsteins vergebliche Suche nach der Einheitlichen Feldtheorie und Albertsons Versuche einer Verbindung von allgemeiner Relativitäts- und Quantentheorie sind Ausdruck der Überzeugung vieler Physiker, daß alle Dinge sich letztlich aus der fundamentalen Lagrange-Funktion erklären lassen. Mit dieser nach dem französischen Physiker Lagrange benannten Funktion gibt es ein definiertes mathematisches Verfahren, um daraus die dynamischen Gleichungen zu gewinnen. Sobald man eine Lagrange-Funktion gefunden hat, die ein System exakt beschreibt, gilt das Verhalten dieses Systems als ›erklärt‹. Eine Lagrange-Funktion kommt also einer Erklärung gleich. Leon Lederman, Direktor des FERMI NATIONAL ACCELERATOR LABORATORY bei Chicago, hat dies prägnant einmal so formuliert: ›Wir hoffen, das gesamte Universum in einer einzigen, einfachen Formel (einer Lagrange-Funktion) zu erklären, die Sie auf Ihrem T-Shirt tragen können.‹ Als Brak diesen Satz las, durchzuckte ihn eine Idee. Hatte nicht Louis de Broglie schon im Jahre 1924 vorgeschlagen, die Grundformel der Relativitätstheorie mit Max Plancks Grundformel der Quantentheorie zu verbinden? Beides folgende sollte zugleich gelten:

$$\mathcal{E} = m \times c^2 \quad \text{und} \quad \mathcal{E} = h \times f$$
$$\text{Einstein} \qquad\qquad \text{Planck}$$

Nach de Broglie mußte dann logisch zwingend auch dieses gelten:

$$\mathcal{E} = \mathcal{E} \quad \text{und} \quad m \times c^2 = h \times f$$

Damit formulierte er die Idee der Materiewellen und lieferte einen entscheidenden Beitrag zur Wellenmechanik. Er zeigte, daß die Energie, indem sie wie immer erhalten bliebe, von der materiellen Form in die des Lichts oder umgekehrt übergehen könnte. Das Licht ist die subtilste Form der Materie, beide sind nur verschiedene Erscheinungsformen der Energie.

›Wenn wir unserer Phantasie freien Lauf ließen, könnten wir uns vorstellen, daß am Anbeginn aller Zeiten, am Morgen nach einem göttlichen *Fiat Lux* das Licht, allein auf der Welt, allmählich durch fortschreitende Verdichtung das materielle Universum so geschaffen hat, wie wir es heute dank seiner schauen dürfen. Und vielleicht wird eines Tages, wenn die Zeit sich erfüllt hat, das Universum seine ursprüngliche Reinheit wiederfinden und sich von neuem in Licht auflösen.‹ (de Broglie)

War in mathematischer Hinsicht bezüglich der Verbindung der beiden fundamentalen Theorien noch mehr möglich? Brak lachte laut und schrieb seine eigene Weltformel auf einen Zettel:

$$0 \cong \infty$$

Mit diesem Vorschlag wollte er seinen Freund im nächsten Gespräch provozieren! Der hatte in seiner Antrittsvorlesung IST DAS

ENDE DER THEORETISCHEN PHYSIK IN SICHT? zur Einführung als LU-CASISCHER PROFESSOR FÜR MATHEMATIK 1980 in Cambridge zwanglose Vermutungen über den endgültigen Triumph des Newtonschen Paradigmas angestellt und behauptet, daß die theoretische Physik ihren Abschluß gefunden hätte, wenn man eine Lagrange-Funktion besäße. Seine Arbeiten zur Quantenkosmologie waren der Versuch, die Wellenfunktion des Universums mit Hilfe der Quantentheorie herauszufinden. Dabei wollte er mit Hilfe sehr komplizierter mathematischer Verfahren berechnen, wie das Universum beschaffen ist.

Für Brak stellte sich die Physik mit ihrer historischen Tendenz zur Vereinheitlichung als die Suche nach der algorithmischen Erfassung der Erfahrungswelt dar. Physik, Naturwissenschaften gibt es, weil die Natur algorithmisch komprimierbar erscheint: Ihre Gesetze sollen möglichst einfach sein und die Informationen prägnant kodieren. Für die neuzeitlichen Physiker ist das Buch der Natur in der Sprache der Mathematik geschrieben. Das Ziel ist es, in Verzeichnissen der Beobachtungsdaten wiederkehrende Muster zu finden und daraus Kurzfassungen zu erstellen. Das Erkennen solcher Muster ermöglicht die Ersetzung des Informationsgehalts der beobachteten Ereignisfolge durch eine Art Kurzschrift, die denselben oder fast denselben Informationsgehalt hat. Durch Algorithmen können ungeheure Mengen von Beobachtungsdaten in kompakte Formeln zusammengefaßt werden. Newton, dessen Lehrstuhlnachfolger sein Freund war, hatte entdeckt, daß sich alle Information, die er über die Bewegung der Körper am Himmel und auf der Erde gewinnen konnte, in jene einfachen Regeln fassen ließ, die er ›die drei Bewegungsgesetze‹ und ›Gravitationsgesetz‹ nannte.

Wären die naturwissenschaftlichen Daten nicht algorithmisch komprimierbar, wäre Naturwissenschaft eine Art stumpfsinniges

Briefmarkensammeln—also einfach nur eine Anhäufung der verfügbaren Daten.

Bei seiner Beschäftigung mit diesem Thema wurde Brak klar, daß die Überzeugung, die Antworten zu allen wichtigen Fragen über die Natur, das Universum, auch solche, welche die Zeit betreffen, müßten durch die exakten Wissenschaften wie die Mathematik zu finden sein, nicht an sich irgendwie wissenschaftlich oder nach irgendeinem logischen System unbedingt richtig war. Diese Überzeugung war wohl eher ein historisch bedingtes Dogma, das die Mathematik für die Königin der Wissenschaften hielt, weil sie ein vollständiges oder abschließbares widerspruchsfreies System von zwingender Gewißheit sein könnte.

Auch Einstein glaubte an dieses Dogma und hatte 1921 behauptet: ›Die Mathematik genießt vor allen anderen Wissenschaften aus *einem* Grunde ein besonderes Ansehen: Ihre Sätze sind absolut sicher und unbestreitbar, während die aller anderen Wissenschaften bis zu einem gewissen Grad umstritten und stets in Gefahr sind, durch neu entdeckte Tatsachen umgestoßen zu werden.‹

Auf die selbst gestellte Frage, wie es möglich sei, daß die Mathematik, die doch ein von aller Erfahrung unabhängiges Produkt des menschlichen Denkens ist, auf die Gegenstände der Wirklichkeit so gut paßt, antwortete er: ›Insofern sich die Sätze der Mathematik auf die Wirklichkeit beziehen, sind sie nicht sicher, und insofern sie sicher sind, beziehen sie sich nicht auf die Wirklichkeit.‹

Einstein hielt die Sätze der Mathematik für sicher und unbestreitbar, solange von ihrem Wirklichkeitsbezug abstrahiert werden konnte. Die Natur war für ihn die Realisierung des mathematisch denkbar Einfachsten. Durch rein mathematische Konstruktion glaubte er, diejenigen Begriffe und diejenige gesetzliche Verknüpfung zwischen ihnen zu finden, die den Schlüssel für das Verstehen der Naturerscheinungen liefern. Zwar blieb die Erfahrung das einzige Kriterium der Brauchbarkeit einer mathematischen Konstruktion für die Physik. Das eigentlich schöpferische Prinzip aber lag für ihn in der Mathematik. In einem gewissen Sinn hielt er es für wahr, daß dem reinen Denken das Erfassen des Wirklichen möglich sei, wie es die Alten geträumt hätten—womit er wahrscheinlich bestimmte griechische Philosophen und Leibniz und Spinoza gemeint hatte.

In der Geschichte der Mathematik war es vor allem David Hilbert, der mit seinem Formalismus gegen Ende des 19. Jahrhunderts versuchte, die Konsistenz, also die logische Widerspruchsfreiheit der Mathematik zu beweisen. Zu seiner Zeit waren die Mathematiker mit einigen verwirrenden Problemen konfrontiert, die ihre Selbstgewißheit ins Wanken brachten, zum Beispiel das logische Paradoxon des Barbiers: Der Barbier rasiert alle Leute, die sich nicht selbst rasieren—wer aber rasiert den Barbier?

Oder die Paradoxie, die sich in der Bibel im Brief des Apostels Paulus an Titus findet, wo er über die Kreter schrieb: ›Einer von ihnen war ein Prophet, der gesagt hat: Die Kreter sind immer Lügner ...‹

Mathematischer ist die Paradoxie von der Menge aller Mengen: Kann sie sich selbst als Element enthalten? Solche Paradoxien drohten das ganze mathematische Gebäude zu unterminieren.

Hilbert schlug angesichts dieser Schwierigkeiten vor, sich um die Bedeutung der Mathematik gar nicht mehr zu kümmern, und definierte die Mathematik als das Gewebe der Formeln, die sich aus irgendeinem Satz vorgegebener Axiome nach festen Regeln für die Manipulation der Symbole ableiten lassen.

Aus dieser Perspektive ist die Mathematik dann das ineinander verwobene System der logischen Verknüpfungen, die sich aus allen möglichen Axiomensystemen mit Hilfe aller möglicher widerspruchsfreier Regelsysteme ergeben (John D. Barrow).

Albertson nahm in diesem Zusammenhang einen positivistischen Standpunkt ein und sah in einer physikalischen Theorie lediglich ein mathematisches Modell im oben definierten Sinn. Die Frage, ob dieses der Realität entspricht, wies er als nicht sinnvoll zurück. Brak seufzte, er erinnerte sich ungenau an ein Gedicht von Wilhelm Busch, das ungefähr so lautete:
›Zwei mal Zwei gleich Vier ist Wahrheit,
schade, daß sie leicht und leer ist.
Doch ich hätte lieber Klarheit
über das, was bedeutungsvoll und schwer ist.‹
Er machte sich keine weiteren Gedanken darüber, ob Wilhelm Busch angesichts des mathematischen Formalismus überhaupt von Wahrheit sprechen durfte—und nicht bloß von Richtigkeit. Schließlich hatte noch niemand gesagt: ›Du hast wahr (oder falsch) gerechnet‹, sondern lediglich: ›Du hast richtig (oder falsch) gerechnet‹.

Auch über den Unterschied zwischen Rechnen und Denken dachte er nicht weiter nach, sondern nahm erfreut zur Kenntnis, daß die formalistische Konstruktion Hilberts, der Paradoxien ausschließen und die Mathematik ins engmaschige Netz logischer Gewißheit einbinden wollte, unerwartet zusammenbrach, als Kurt Gödel, ein junger Mathematiker aus Wien, im Jahr 1931 zeigte, daß Hilberts Ziel—und auch das von Alfred N. Whitehead und Bertrand Russell (PRINCIPIA MATHEMATICA)—unerreichbar ist.

In seinem UNVOLLSTÄNDIGKEITSSATZ bewies er, daß jedes komplexe formale Denksystem wie die Logik oder Arithmetik zwangsläufig unvollständig ist und daß formale Zeichensysteme wie etwa die reine Arithmetik niemals in der Lage sein werden, ihre eigene Vollständigkeit oder Schlüssigkeit zu beweisen. ›Zu jeder ω-widerspruchsfreien rekursiven Formelklasse $\mathcal{K}$ gibt es rekursive Klassenzeichen r, so daß weder v Gen r noch Neg (v Gen r) zu Flg ($\mathcal{K}$) gehört (wobei v die freie

Variable von r ist).‹ (Kurt Gödel, ÜBER FORMAL UNENTSCHEIDBARE SÄTZE DER PRINCIPIA MATHEMATICA UND VERWANDTER SYSTEME, 1931)
Daraus folgt, umgangssprachlich formuliert: Die Mathematik kann nicht vervollständigt oder abgeschlossen werden und ist unerschöpflich. Jede widerspruchsfreie formale Theorie der Mathematik enthält notwendigerweise unentscheidbare Aussagen. Kein Computerprogramm kann alle und nur die wahren Aussagen der Mathematik beweisen. Kein formales mathematisches System kann sowohl widerspruchsfrei als auch vollständig sein.
Brak fragte sich:
Zeigt die algorithmische Unerschöpflichkeit der Mathematik, daß entweder der menschliche Geist allen Computern überlegen ist, oder daß die Mathematik nicht vom menschlichen Geist geschaffen ist?
Oder zeigt sie beides zugleich? War die Mathematik eine Religion, wenn man eine Religion als ein System von Ideen definiert, das unbeweisbare Aussagen umfaßt? War sie vielleicht die einzige Religion, die von sich beweisen kann, daß sie eine ist?
Würde sein Freund solche Fragen jemals verstehen?
Brak war klar, daß Albert Einstein bei seinen oben zitierten Reflexionen zum Verhältnis von Geometrie und Erfahrung im Jahr 1921 von Gödels epochaler Entdeckung des Verlusts der Gewißheit in der Mathematik noch nichts wissen konnte.
Ihn irritierte aber, daß sein Freund immerhin 60 Jahre nach dieser Entdeckung kaum Zweifel an der Konsistenz und Gewißheit der Mathematik zu haben schien und wahrscheinlich das BENACERRAF-SCHE DILEMMA noch nicht zur Kenntnis genommen hatte, das Paul Benacerraf in seinem Vortrag über mathematische Wahrheit 1973 wie folgt skizzierte: Die Bedingungen für Wahrheit und Wissen schließen sich gegenseitig aus. Entweder haben mathematische Sätze eine Bedeutung, dann bleibt die Gewißheit mathematischer

Erkenntnis unerklärlich, oder man rettet die Sicherheit mathematischer Aussagen, die sich auf formale Beweise stützt, dann muß man auf Bedeutung und Wahrheit verzichten. Der Begriff der Wahrheit ist nicht semantisch definiert, es gibt zwei verschiedene Wahrheitsbegriffe für mathematische und nichtmathematische Aussagen, und es gibt Sätze, die nicht ableitbar sind, deren Gegenteil aber auch nicht beweisbar ist, wie Gödel gezeigt hatte (Manfred Zimmermann).

Immer wieder vertrat Albertson in seinen Veröffentlichungen die Auffassung, daß es eine einheitliche, schlüssige mathematische Theorie geben könne, die vollständig widerspruchsfrei sei und mit den Beobachtungen zur Deckung gebracht werden könnte.

Trotz der Schwierigkeiten, diese letzte physikalische Theorie zu beweisen—dies gab er wenigstens zu!—könnte man mit ›einiger Sicherheit‹ davon ausgehen, daß sie die richtige wäre. Diese Theorie für Alles war für ihn aber nur ein erster Schritt:

Sein Ziel war ein ›vollständiges Verständnis der Ereignisse,‹ die uns umgeben, und ›unserer Existenz‹. Die gesuchte Theorie sollte zugleich die Voraussetzung für die Diskussion der Frage sein, *warum* das Universum existiert. Die Antwort auf diese Frage war für seinen Freund ›der höchste Triumph der menschlichen Vernunft, denn dann würden wir Gottes Plan kennen‹.

Brak lachte! Hinter der kosmologischen Selbstbeschränkung auf die Frage nach dem *wie* (Architektur und Statik des Hauses) stand als Motiv die alte meta-physische Frage nach dem *warum* des Hauses: Albertson wollte Alles wissen, also auch den Plan des Architekten erkennen und womöglich auch die Motive des Auftraggebers, falls dieser nicht mit dem Architekten identisch wäre.

Warum überhaupt ein Hausbau? Warum nach gerade diesem Plan? Vielleicht sogar: Warum überhaupt ein Architekt oder ein Auftraggeber?

Brak fragte sich: Was wäre, wenn der Plan Gottes darin bestünde, keinen wissenschaftlich erkennbaren Plan zu haben?
Zeigte die Quantentheorie nicht, daß es nicht einmal möglich war, Ort und Impuls auch nur *eines einzigen* Elementarteilchen gleichzeitig genau zu bestimmen und daß im Universum wahrscheinlich Alles mit Allem irgendwie zusammenhängt—daß das Universum ein Netz von Beziehungen und Zusammenhängen war?
Was wäre, wenn es keinen identifizierbaren Architekten und/oder Auftraggeber gäbe? Was wäre, wenn Gott und Absolutes Nichts Das Selbe, Das Eine Selbst wären?
Die letzte Frage tauchte in den mystischen Unterströmungen der sogenannten großen Religionen schon seit Tausenden von Jahren immer wieder auf—in der indischen und chinesischen Kultur, in der jüdischen, griechischen, christlichen und islamischen Tradition und in vielen Schriften von Philosophen, Theologen und Dichtern aus den genannten Kulturkreisen.
Gemeinsam war ihnen allen, daß Gott jede Aussage über sich und jede Definition ausschließt—›Gott‹ ist ein Grenzbegriff (Hermann Schrödter).
Das Absolute Nichts befindet sich diesseits oder jenseits der Unterscheidung Hamlets von ›Sein oder Nichtsein‹. Das Absolute Nichts, in dem selbst jenes Nichts-ist negiert wird, ist nicht bloß gedachtes Nichts, was gar nicht möglich ist, sondern das Nichts, welches nur gelebt und erlebt werden kann. Das Wahre Nichts ist ein lebendiges Nichts, das sich nur im Selbstsein und als Selbstsein selber bezeugen kann. Dieses Nichts ist nicht ein aus passiver Haltung heraus geschautes Objekt, sondern vielmehr das selber schauende Herz. Der Erkennende und das Erkannte sind sich als ein Eines bewußt, Subjekt und Objekt sind untrennbar vereint. Dieses Nichts stellt nicht einen außerhalb der menschlichen Person befindlichen leeren, objektfreien Raum dar, sondern es ist

deren eigener Zustand des Nichts, nämlich ihr Herz, ihr Selbst, das Nichts ist. Das Nichts ist klares Schauen, es ist Nichtirgendetwas, es ist weder Mensch noch Buddha—es ist das eine aufrichtige Herz, rein wie die Leere und wie diese jenseits der objektbezogenen Erkenn- und Meßbarkeit—und nicht in einer nihilistischen Idee gefangen. Die Leere ist unbehindert, allgegenwärtig, unterscheidungslos, offen und weit, erscheinungslos, rein, dauernd und unbewegt, seinsleer, leerelos leer, nichtbesitzend.

In der ursächlichen Beziehung der Welle zum Wasser, aus dem sie besteht, findet die schöpferische Kraft des Nichts im weitesten Sinne ihr Gleichnis. Die Welle entsteht aus dem Wasser, ohne sich von ihm zu trennen. Sie verschwindet und kehrt in das Wasser als ihren Ursprung zurück und hinterläßt dabei nicht die geringste Spur im Wasser. Das Wasser bildet eine Einheit mit der Welle, und doch entsteht und vergeht das Wasser nicht mit dem Entstehen und Vergehen der Wellen, noch nimmt es damit ab oder zu. Das Wasser bildet tausendfach und zehntausendfach Wellen und bleibt doch in sich selbst beständig und unverändert.

Einstein und Albertson setzten einfach voraus, daß das Universum, jenes Umfassende von und in dem der Mensch ein Teil ist, ein wissenschaftliches, mathematisch beschreibbares Objekt sei—und durch eine Formel oder mathematische Funktion endgültig dargestellt werden könnte. Ihre Suche nach der Einheitlichen Feldtheorie bzw. Theorie der Quantengravitation als Verbindung von allgemeiner Relativitäts- und Quantentheorie war der Ausdruck ihres Glaubens an die algorithmische Komprimierbarkeit des Universums.

Wie aber sollte bei diesem ehrgeizigen Projekt jemals festgestellt werden können, was dem Subjekt, den mathematischen Konstruktionen, und was dem Objekt, der beobachtbaren Realität, angehört? In der Naturwissenschaft wird die Realität im Rhythmus von

Schwingungen zwischen Hypothese bzw. mathematischem Modell und Sache, die hier das Universum als Ganzes sein soll, interpretiert. Das Konkrete, die Beobachtungen, und das Abstrakte, die Theorie, befinden sich in ständigem Austausch.

Brak vermutete, daß die Reise der theoretischen Physik schon deshalb prinzipiell unendlich und unabschließbar ist, weil die Physik, selbst wenn sie eines Tages vollendet wäre und alles darauf hinwiese, daß sie am ersehnten Ziel angelangt ist, ihrerseits kein Mittel hätte, das auszudrücken: Schon Gödels Unvollständigkeitstheorem stünde dem im Wege, von den Grenzen der empirischen Beobachtbarkeit im Falle des Universums als Ganzem, dem größtmöglichem Objekt auf einer scheinbar höchsten Stufe, ganz zu schweigen.

›Seine Beschreibung ist aber begrifflich absurd, da eine solche Stufe keine Information für ein noch verbleibendes Subjekt wäre, das ja dann in der Beschreibung schon enthalten sein müßte.‹ (Holger Lyre)

Wenn alle von Einstein, Albertson und anderen *gestellten* Probleme gelöst wären, was schon auf der Ebene der formalen, mathematischen Systeme unmöglich war, hätte die Physik auch noch die Frage zu beantworten, ob die *gestellten* Probleme auch *richtig* gestellt worden waren—wie sollte es darüber jemals Gewißheit geben können?

Keine sogenannte Theorie für Alles oder Weltformel, wenn es sie denn gäbe, wäre unanfechtbar, keine wäre gesichert und ihrem Zeitbezug enthoben.

Schon die durch Gödel entdeckte Grundstruktur der Mathematik machte einen Abschluß der theoretischen Physik unmöglich, vom zusätzlichen Unsicherheitsfaktor der empirischen Daten ganz zu schweigen, der ja noch erschwerend hinzukam, was Einstein schon 1921 angedeutet hatte. Außerdem wäre die Theorie für Alles alles andere als eine Erklärung des Universums, was auch Albertson einräumte. Kein Gleichungssystem erklärt, *warum* es ein Universum gibt.

Die entscheidenden Fragen, die sein selbst Freund gestellt hatte, waren im Rahmen der Physik bzw. Kosmologie nicht zu beantworten: ›Wer bläst den Gleichungen den Odem ein und erschafft ihnen ein Universum, das sie beschreiben können?‹

›Warum muß sich das Universum all dem Ungemach der Existenz unterziehen?‹ (EINE KURZE GESCHICHTE DER ZEIT)

Diese letzte Theorie, die den krönenden Abschluß der theoretischen Physik bilden sollte—und nicht nur eine unter mehreren physikalischen Hypothesen—müßte sich selbst erklären und beweisen können, um ihrem eigenen Anspruch gerecht werden zu können—und das, obwohl sie selbst nur ein theoretisches Element innerhalb des Ganzen war!

Das Universum war älter als der Mensch und der Mensch älter als die Naturwissenschaft. Die Naturwissenschaft war älter als ihr gesuchter krönender Abschluß.

Mußte also diese letzte physikalische Theorie nicht auch ihre eigene Selbsterklärung enthalten und zwingend zeigen können, warum sowohl das Universums als auch sie selbst als unwiderlegbare Erklärung desselben existierten?

Dieses erinnerte stark an den Lügenbaron Münchhausen, dem ja die Lösung der Paradoxie gelungen sein soll, sich am eigenen Schopfe aus dem Sumpf zu ziehen!

Wenn Brak Gödels Entdeckung richtig deutete, hatten alle Mathematiker und Physiker ab 1931 keinen leichten Stand mehr, wenn sie Letzt-Erklärungsansprüche anmeldeten.

Als er über diese Fragen nachdachte, durchzuckte ihn plötzlich eine Idee: Gab es im zweiten Traum seines Freundes nicht noch mindestens *ein* unverstandenes Element? Er erinnerte sich an die

Szene mit dem würfelnden Zwerg. Hatte der nicht wiederholt einen Stein aus seiner Faust fallen gelassen? Brak wollte sich in drei Tagen erneut mit Albertson treffen und ihm seine Idee hierzu vortragen. Er hatte also noch Zeit, um weitere erkenntnistheoretische Überlegungen anzustellen, für die sein Freund aufgrund seines distanzierten Verhältnisses zur Philosophie bisher kein Verständnis hatte. Das Universum war immer das *eine* Bild oder Modell, das sich ein Mensch von ihm machte:

Für Mathematiker und theoretische Physiker des Atomzeitalters war es das Ergebnis einer kosmischen Explosion und mathematisch eine Wellenfunktion, nach der noch gesucht wurde.

Für die klassischen Physiker war es eine mathematisch beschreibbare Maschine, vergleichbar einem Uhrwerk, in dem lückenlose Kausalität und Determinismus herrschen.

Für Computerexperten war es ein kosmischer Computer, auf dessen Hardware (Elementarteilchen und Energie) ein Programm abläuft.

Für Musiker war es Klang und für Maler Farbe.

Für Dichter war es Poesie oder wer-weiß-was sonst.

Für Spieler war es ein großes Spiel.

Gerade das letzte Bild wurde durch die Quantentheorie eindrucksvoll bestätigt. Niels Bohr drückte dies einmal so aus, ›daß wir im Schauspiel des Lebens gleichzeitig Zuschauer und Mitspielende sind‹. Und in seiner Antrittsrede WAS IST EIN NATURGESETZ an der Universität Zürich 1922 sagte Erwin Schrödinger: ›Die physikalische Forschung hat klipp und klar bewiesen, daß zum mindesten für die erdrückende Mehrheit der Erscheinungsabläufe, deren Regelmäßigkeit und Beständigkeit zur Aufstellung des Postulats der allgemeinen Kausalität geführt haben, die gemeinsame Wurzel der beobachteten strengen Gesetzmäßigkeit—der *Zufall* ist.‹

Nach Auffassung des Physikers und Chemikers Manfred Eigen

(Chemienobelpreis 1967) bestimmen die Grundelemente des Spiels, Zufall und Gesetz, jegliches Geschehen im Universum. Naturgesetze lassen sich in Form von Spielregeln abstrahieren, auf dem Spielfeld bilden sich Muster, Information entsteht, und die Gesetze von Selektion und Evolution treten klar hervor:
›Alles Geschehen in unserer Welt gleicht einem großen Spiel [...]. Das Spiel selber ist weder mit dem Satz seiner Regeln noch mit der Kette von Zufällen, die seinen Ablauf individuell gestalten, identisch. [...] Der Mensch ist weder ein Irrtum der Natur, noch sorgt diese automatisch und selbstverständlich für seine Erhaltung. Der Mensch ist Teilnehmer an einem großen Spiel, dessen Ausgang für ihn offen ist. Er muß seine Fähigkeiten voll entfalten, um sich als Spieler zu behaupten und nicht Spielball des Zufalls zu werden.‹
Durch die unterschiedlichen Bilder oder Modelle des Menschen wurde das Universum zur Welt, die sich in vieler Weise symbolisch darstellen ließ—und also nicht nur mathematisch. Der Überlegenheitsanspruch des mathematisch-naturwissenschaftlichen Welt-Bildes war in systematischer Hinsicht durch nichts zu rechtfertigen und war allenfalls mit dem historischen Erfolg des naturwissenschaftlich-technischen Programms und seinen ökonomischen Auswirkungen auf die Weltgestaltung zu erklären.
Dieser naturwissenschaftlich-technisch-ökonomische Prozeß erwies sich als zutiefst ambivalent:
Er war und ist Fortschitt—worauf zu?
Er war und ist Fort-Schritt—wovon weg?
Das Einfallstor für erkenntnistheoretische Fragen innerhalb der Physik war nach der Vollendung der klassischen Physik durch Albert Einstein die Quantentheorie. Albertson benutzte offensichtlich nur deren mathematische Verfahren, ohne sich über die erkenntnistheoretischen Aspekte und Implikationen dieser Theo-

rie wirklich im klaren zu sein. So hielt er z.B. die Unschärferelation für eine elementare Eigenschaft des Universums, die er mit der allgemeinen Relativitätstheorie verbinden wollte und übersah dabei, daß diese Relation prinzipiell mit dem Problem der Beziehung zwischen Subjekt (Beobachter) und Objekt (Beobachtetem) zu tun hatte und mit dem Realitätsverständnis der Relativitätstheorie unvereinbar war. Im Unterschied zu Einsteins klassischer Theorie hatte sich die Quantentheorie genötigt gesehen, die Rolle des Beobachters, als eines Subjekts des Wissens, ausdrücklich zu thematisieren:

Dem Beobachter sind bestimmte Fakten bekannt, die ihn befähigen, bestimmte Ereignisse als möglich vorherzusagen und ihnen bestimmte Wahrscheinlichkeiten zuzuschreiben. Er macht dann eine Beobachtung, in der ein bestimmtes Ereignis möglicherweise stattfinden kann. Die Beobachtung wird gemacht, und entweder geschieht das Ereignis und ist danach ein Faktum, oder ein anderes Ereignis tritt ein und produziert damit das Faktum, daß das erwartete Ereignis nicht geschehen ist. Hat der Beobachter jedoch die betreffende Beobachtung gar nicht angestellt, darf man nicht sagen, daß das zunächst erwartete Ereignis an sich entweder geschehen sei oder nicht und daß der Physiker nur nicht wüßte, welche der beiden Möglichkeiten eingetreten ist. In quantentheoretischer Beschreibungsweise eines Experiments ist ein Ereignis immer ein Ereignis für einen Beobachter, entweder ein aktuelles oder wenigstens ein potentielles. Einstein, der an der klassischen Trennung von Materie und Bewußtsein, Objekt und Subjekt, festgehalten hatte, empfand diese Beschreibungsweise als nicht akzeptabel.

Albertson folgte erkenntnistheoretisch (und ontologisch) dem Realitätskonzept Einsteins oder versuchte, dieser Frage ganz auszuweichen. Aus quantentheoretischer Perspektive wird ein ›Ereignis‹ durch die Einheit des mentalen und des physischen Akts erzeugt. In der Praxis entzieht sich die Quantentheorie zunächst diesem erkenntnistheoretischen Problem, indem sie anstelle des Beobachters von einem Meßinstrument spricht, was aber das Problem lediglich auf einen Beobachter verschiebt, der das Instrument beobachtet bzw. abliest. Ein Kollege, vielleicht der Theoretiker, der das Experiment selbst nicht durchgeführt hat, kann durch menschliche Kommunikation mit dem Beobachter erfahren, was dieser beobachtet hat. Physikalisch ist nichts dagegen einzuwenden, daß der Theoretiker den Beobachter wie ein gewöhnliches physikalisches Objekt beschreibt, ebenso wie der Beobachter das Experiment und das Instrument beschreibt.

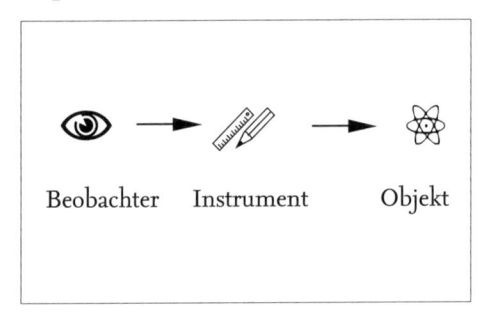

👁 → ✏️ → ⚛

Beobachter   Instrument   Objekt

Gleichzeitig sind beide aber Partner im Leben, gehören zur Wissenschaftlergemeinschaft und sind vielleicht Freunde. Der Theoretiker kann den Beobachter nur dann mit Begriffen der Physik beschreiben, wenn er auch sich selbst mit diesen Begriffen zu beschreiben vermag. Man kann es durchaus für möglich halten, daß wir Menschen einen gewissen Grad begrifflicher Erkenntnis über unseresgleichen, einschließlich der eigenen Person, haben können. Wenn nun der Theoretiker sich selbst beschreibt, wird er von Fakten in ihm selbst sprechen, die Dokumente von Ereignissen sind, die in ihm selbst stattgefunden haben. Er wird auch von möglichen Ereignissen in ihm selbst sprechen, die in der Zukunft eintreten oder nicht eintreten werden. Diesen möglichen Ereignissen wird er Wahrscheinlichkeiten zuschreiben. ›In ihm selbst‹ heißt, in seiner Psyche und folglich in seinem Körper. Auch die Unterscheidung zwischen ›in seinem Körper‹ und ›außerhalb seines Körpers‹ ist quantentheoretisch unhaltbar, da Ereignisse niemals in Strenge lokalisiert sind. Ein Ereignis ist ein ausgedehnter Vorgang. Wer ist nun das Subjekt, der Wissende? In Albertsons Veröffentlichungen tauchte diese Frage nicht im Zusammenhang seiner Darstellung der Quantentheorie auf, sondern lediglich implizit in einem anderen Kontext—und zwar als ›anthropisches Prinzip‹.

Auf die Frage, warum die Anfangsdichte des Universums so sorgfältig gewählt war, daß überhaupt ein Universum mit intelligenten Beobachtern entstehen konnte, die in der Lage waren, nach seiner Struktur zu fragen, gab er einmal die Antwort: ›Das Universum ist wie es ist, weil wir es nicht beobachten könnten, wenn es anders wäre.‹ Da mathematisch unterschiedliche Geschichten des Universums möglich waren, hielt er das anthropische Prinzip als Erklärung der gegenwärtigen Beschaffenheit des Universums für legitim, solange die Menschen in einer der Geschichten vorhanden waren.

Brak allerdings hielt dieses Argument für einen schwindelerregenden Zirkel, der möglicherweise sogar den Schwindel erregte: Der Mensch mit seiner Wissenschaft sollte gleichsam der Grund dafür sein, daß das Universum so ist, daß es wissenschaftlich erfaßbar ist, weil er ein Teil und Ergebnis dieses Universums ist, das ihm erlaubt, die Voraussetzungen seiner eigenen Existenz zu er-

forschen. War dies nicht eine Art Beweis dafür, daß der Mensch, wenn er als Kosmologe versuchte, das allumfassende Ganze, das Universum zu erforschen, doch nicht von sich selbst loskam?
Albertsons Auffassung war wohl, daß das Universum so ist, wie seine mathematische Theorie es beschreibt, die alles andere als abgeschlossen vorlag: Das Universum ist so, wie es ist, weil wir nicht da wären, um es zu beobachten und mathematisch zu beschreiben, wenn es anders wäre. Aber nun stellte sich unabweisbar erneut die Frage: Wer ist das Subjekt?
Die theoretische Physik und Kosmologie des 20. Jahrhunderts war gezwungen, die Grenzen ihres bisher vertrauten Reviers einer auf die sogenannte objektive Realität bezogenen Wissenschaft zu überschreiten und ausdrücklich die Subjekt-Objekt-Beziehung, also ein erkenntnistheoretisches Problem, zu thematisieren.
Die Quantentheorie führt Objekte als Objekte für Subjekte ein. Um der Frage nach dem Subjekt zu entgehen, ersetzt sie es zunächst durch Meßapparate. Diese Apparate sind aber nicht bloß Objekte, sondern zum Messen geeignete Objekte—darin liegt ihr Subjektbezug. Das Subjekt kann zwar seinerseits auch zum Objekt wissenschaftlicher Theorien, von natur- oder sozialwissenschaftlichen Erklärungsversuchen, gemacht werden. Dadurch wird aber die Subjektivität des Subjekts gerade nicht reflektiert, sondern es werden lediglich menschliche Subjekte als Objekte beschrieben, wie sie anderen menschlichen Subjekten erscheinen.
Kann die Physik weiterentwickelt werden, wenn sie das, was philosophisch Subjekt genannt wird, ausklammert?
Albertson jedenfalls blieb in dem zuvor beschriebenen Zirkel stecken, der durch sein anthropisches Prinzip erzeugt wurde und alles andere als eine befriedigende Lösung war.
›Materie ist für unsere Physik, was den sogenannten physikalischen Gesetzen genügt; diese Gesetze aber definieren, was Subjek-

te erfahren können. Die Subjekte jedoch, wir selbst, kommen in eben der Welt vor, von der sie Erfahrung machen. Als Kinder der Evolution sind wir Glieder der Natur. Es scheint, als müßten wir sagen: Das Wirkliche nimmt durch die Augen der Kinder der Evolution, durch die Organe, die es hervorgebracht hat, in jeweils anderer Abschattung sich selbst wahr.‹ (Carl Friedrich von Weizsäcker)

Bei dem Versuch, die Frage nach der Subjektivität des Subjekts zu beantworten, stieß Brak an zwei prinzipielle Grenzen, eine psychologische und eine erkenntnistheoretische:

1. Eine psychologische Grenze, die von der Tiefenpsychologie markiert wurde: ›Bewußtsein ist ein unbewußter Akt‹ (William James). Das Ich und seine Leistungen, begriffliches Denken und wissenschaftliches Erkennen haben eine unbewußte Basis. Schon Friedrich Nietzsche hatte im 19. Jahrhundert überzeugend dargestellt, daß alles, was ins Bewußtsein tritt, das letzte Glied einer Kette und ein Abschluß ist: daß ein Gedanke unmittelbar Ursache eines anderen Gedankens ist, ist nur scheinbar so. Das eigentlich verknüpfte Geschehen spielt sich unterhalb unseres Bewußtseins ab; die auftretenden Reihen und das Nacheinander von Gefühlen, Gedanken usw. sind für ihn nur Symptome des eigentlichen Geschehens , und er formulierte prägnant: ›Unter jedem Gedanken steckt ein Affekt.‹

Das Kind wird sich der Dinge bewußt, der Knabe und das Mädchen werden sich ihres Bewußtseins bewußt. Der Mann und die Frau sind sich dessen bewußt, daß sie sich ihres Bewußtseins bewußt geworden sind. Aber stets ist das letzte Bewußtwerden wieder ein unbewußter Akt wie Atmen, Essen, Gehen, Fahrrad fahren und Küssen. Wenn ich wissen will, was ich eben jetzt denke, so vermag ich es nicht mehr zu denken und falle die Wendeltreppe eines unendlichen Regresses hinab. Das bewußte Ich muß erken-

nen, daß es weder ›die Welt drinnen‹ noch ›die Welt draußen‹ erklären kann—und deshalb auch nicht den Zusammenhang, in dem sie stehen. Im Verweis auf sich selbst, in der Selbstreferenz liegt das Problem: Der Körper kann nicht lügen, dafür ist seine Bandbreite zu groß. Das Ich kann es aber. Es verweist auf sich, als sei es das Selbst, doch es ist nicht das Selbst. Das Ich gibt vor, die Kontrolle über das Selbst zu besitzen, doch das Ich ist lediglich eine Karte vom Selbst. Eine Karte kann lügen, nicht aber das Gelände. Das sogenannte Ich ist ein Organ des Selbst, was auch dem Physiker James Clerk Maxwell bewußt war:
›Was von dem sogenannten Ich vollbracht wird, vollbringt, das spüre ich, in Wirklichkeit etwas, das größer ist als das Ich in mir selbst.‹
Psychoanalytiker haben in diesem Zusammenhang auch vom impliziten Wissen gesprochen, das zwar unbewußt ist, aber nicht verdrängt wurde (Daniel Stern).
2. Die erkenntnistheoretische Grenze, die von Immanuel Kant gezogen wurde: Er unterschied das ›transzendentale Subjekt‹ vom ›empirischen Subjekt‹. Im Akt der Selbstreflexion ist das empirische Subjekt das Erkannte, also das wahrgenommene Subjekt, das sich in der Zeit befindet und eine Art ›inneres Objekt‹ ist.
Das transzendentale Subjekt ist der Erkennende, der selbst nur wahrnimmt, aber niemals zum wahrgenommenen Objekt wird. Transzendentales Subjekt war Kants Name für den Wissenden, und er nannte diese Selbstunterscheidung des Subjekts als wissend und gewußt ›schlechterdings unmöglich zu erklären, obwohl […] ein unbezweifelbares Faktum […]‹. Das transzendentale Subjekt war nicht lediglich ein Begriff von einem Subjekt, sondern die Idee des Subjekts, also diejenige Struktur der Wirklichkeit, die Subjekte erst möglich macht—letztlich ›das Sein‹ selbst.
Die Physik muß die Subjektivität des Subjekts voraussetzen, kann

sie aber nicht erklären—und Verstehen gehört nicht zu ihrem methodischen Repertoire! Lag nicht bereits an dieser Stelle ein weiteres unüberwindbares Hindernis für eine Theorie für Alles?
Wird der Wissende als ein Subjekt unter anderen verstanden, bringt man ihn in den Bereich dessen, was begrifflich verstanden werden kann, was ihn auf das empirische Subjekt—und damit auch auf ein quantentheoretisches Objekt reduziert. Die Vielheit aber, innerhalb deren Begriffe möglich sind, setzt eine Einheit voraus, die in jedem Begriff mit wahrgenommen wird, bei dem man sich bewußt ist, daß er ein Begriff ist.
In der Physik stellte sich diese Einheit als die Einheit der Zeit dar. In jedem Begriff ist eine Mitwahrnehmung von Einheit, diese Einheit selbst kann aber nicht durch Begriffe beschrieben werden, denn dies ließe sie ja wieder von der Vielheit abhängen.
In der Quantentheorie ist die Vielheit letztlich nicht wahr, denn der Begriff eines isolierten Objekts ist nur eine schlechte Annäherung. Wenn es überhaupt eine letzte Wirklichkeit gibt, ist sie Einheit. Diese ist als transzendental-ontologische Bedingung der Möglichkeit von begrifflicher Erkenntnis selbst nicht philosophisch erkennbar—und erst recht nicht physikalisch!
Daß es den Grund seiner Möglichkeit nicht begrifflich bezeichnen kann, vermag das begriffliche Denken einzusehen.
Das Auge sieht, es kann sich aber selbst nicht sehen. Sieht es sich in einem Spiegel, so sieht es nicht sich selbst, sondern lediglich seine Spiegelung.
Das Messer kann fast alles schneiden, sich selbst vermag es nicht zu schneiden. Das Wasser kann fast alles waschen, sich selbst vermag es nicht zu waschen. Das Feuer verbrennt fast alles, sich selbst aber nicht.
Bei ihrem Versuch, aus den zahlreichen theoretischen Voraussetzungen eine einheitliche Auffassung zu gewinnen und durch

die Vielfalt und Verschiedenartigkeit des sichtbaren (empirischen) Universums zu einer letzten Einheit zu gelangen, stößt die theoretische Physik an eine unüberschreitbare Grenze, weil sie durch die Quantentheorie gezwungen wird, das transzendentale Subjekt vorauszusetzen.

Diese Grenze besteht auch darin, daß der Mensch selbst ein Teil des Universums ist, das er erforschen will. Sein Körper und sein Gehirn sind nichts anderes als ein Mosaik derselben Elementarteilchen, aus denen sich auch die Objekte des interstellaren Raumes zusammensetzen. Seiner letzten Zergliederung nach ist er eine vergängliche Form des uranfänglichen Raum-Zeit-Feldes, dem wahrscheinlich eine noch fundamentalere Einheit zugrunde liegt. Der Mensch ist an diese Bedingungen seines Seins, seiner Natur und Endlichkeit gekettet—was aber relative Freiheit durchaus nicht ausschließt.

Er ist und bleibt sich selbst sein größtes Geheimnis. Wahrscheinlich vermag er sich zunehmend besser und tiefer zu verstehen, wie verschiedene therapeutische Erfahrungen zeigen, die an der Erweiterung des Bewußtseins interessiert sind—eine letzte Erklärung im Sinne einer wissenschaftlichen Theorie ist prinzipiell unmöglich, wenn es schon im Felde der Mathematik und der formalen Zeichensysteme undenkbar geworden ist. Außerdem gilt nach wie vor die alte philosophische Erkenntnis: ›Individuum est ineffabile‹!

Brak versuchte, sich diesen erkenntnistheoretischen Sachverhalt auch mit systemtheoretischen Mitteln zu verdeutlichen: Alles Erkennen im Sinne von Beobachten und Beschreiben besteht im Grunde aus unterscheidenden und bezeichnenden Aktivitäten.

Was ein Beobachter beobachten kann, beobachtet er aufgrund einer für ihn unsichtbaren Paradoxie, aufgrund einer Unterscheidung, deren Einheit sich seiner Beobachtung entzieht. Er hat die

Wahl, ob er vielleicht ausgehen will von wahr ↔ unwahr oder gut ↔ böse oder Frau ↔ Mann oder Krieg ↔ Frieden oder Subjekt ↔ Objekt oder Himmel ↔ Hölle oder Teilchen ↔ Welle oder Demokratie ↔ Diktatur. Wenn er sich aber für die eine oder andere Unterscheidung entschieden hat, hat er nicht mehr die Möglichkeit, die Unterscheidung als Einheit zu sehen—es sei denn mit Hilfe einer anderen Unterscheidung und somit als ein anderer Beobachter. Aber auch die Anwendung einer solchen Unterscheidung auf sich selbst hilft nicht weiter—und endet im Paradox, das in logischer Hinsicht eine Aussage ist, deren Wahrheit oder Falschheit sich nicht entscheiden läßt.

Jede Beobachtung braucht ihre Unterscheidung und damit ihr Paradox der Identität des Differenten als ihren blinden Fleck, mit dessen Hilfe sie beobachten kann.

Auch ein Beobachter zweiter Ordnung kann diese Paradoxie nicht auflösen, der einen Beobachter beobachtet, der die Einheit, an der er selbst teilnimmt, zu beobachten versucht. Ein solcher Beobachter zweiter Ordnung beobachtet nämlich eine *doppelte* Differenz: Er beobachtet einen Beobachter und beobachtet damit, daß dieser Beobachter beobachtet. Wie jede geistige Operation zieht auch die Beobachtung eine Grenze um das, was sie tut, und unterscheidet *sich*. Zusätzlich aber hantiert sie *mit* einer Unterscheidung, um etwas unterscheiden und bezeichnen zu können. Sie ist also eine Unterscheidung, die sich unterscheidet. Der Beobachter zweiter Ordnung beobachtet den Beobachter erster Ordnung und beobachtet, *wie* dieser Beobachter beobachtet, also mit welcher Unterscheidung—ob als Physiker im Hinblick auf Teilchen oder Welle, Ort oder Impuls, ob als Moralist im Hinblick auf gut und böse, ob als Philosoph im Hinblick auf das Wesen der Dinge oder als Diktator im Hinblick auf Ruhe oder Unruhe der Beherrschten. Was auch immer der Schritt von der Beobachtung erster zur Beobach-

tung zweiter Ordnung auslösen mag, eines erreicht er niemals: die Beobachtung der ihn selbst einschließenden Einheit, die Rückkehr in den ›*unmarked space*‹ (Spencer Brown).
Die Beobachtung zweiter Ordnung ersetzt die Einheit durch eine doppelte Differenz. Auch die Selbstbeobachtung vollzieht eine Differenz und grenzt anderes aus. Jede weitere Reflexion des Beobachtens führt auf die mit dem Beobachten erzeugte Differenz zurück. Paradoxien sind unvermeidlich, sobald die Welt durch irgendeine Unterscheidung verletzt wird. Und auch die gesuchte endgültige vereinheitlichte Theorie zur Erklärung des Universums würde sich, wenn sie denn möglich wäre, was aus mehrerlei Gründen bezweifelt werden darf, in eine Paradoxie verwickeln: Das Begründen dieser Theorie setzt sich schon durch den bloßen Vollzug dem Vergleich mit anderen Möglichkeiten—und damit dem Selbstzweifel—aus. Auf der Suche nach Notwendigem produziert die Begründung Kontingenzen und entfernt sich von dem Ziel, das sie anstrebt. Sie sabotiert sich ständig selbst, indem sie einen Zugang zu anderen Möglichkeiten eröffnet, wo sie ihn eigentlich verschließen möchte.
In diesem Zusammenhang fiel Brak hinsichtlich der bisherigen Versuche, allgemeine Relativitäts- und Quantentheorie zu verbinden, der Satz des Physikers Wolfgang Pauli ein: ›Was Gott getrennt hat, soll der Mensch nicht zusammenfügen.‹ Er lächelte und machte erst einmal eine längere Pause—mit dem Gefühl, für das Gespräch am übernächsten Tag gut vorbereitet zu sein.

Brak steckte sich die Mappe mit seinen Aufzeichnungen in die Tasche, bevor er sich auf den Weg zu seinem Freund machte. Während der Autofahrt zu Albertson kamen ihm Zweifel an der Berechtigung seines Vorhabens, seinen Freund mit Argumenten und kritischen Einwänden zu konfrontieren: War er als Nicht-Physiker überhaupt kompetent genug, sich derart weit auf das Spielfeld der theoretischen Physik und Kosmologie vorzuwagen?

Konnte er es überhaupt wagen, ein physikalisches Projekt in Frage zu stellen, solange ihm die mathematischen Teile der Relativitätstheorie wie etwa die Lorentz-Transformationen und innerhalb der Quantentheorie Schrödingers Wellenfunktion oder Heisenbergs Bewegungsgleichungen im Rahmen seiner Matrizenmathematik ein Buch mit mehr als sieben Siegeln waren?

Dabei war es nur ein schwacher Trost, daß auch viele Physiker mit den mathematischen Symbolen und Gleichungssystemen dieser beiden Theorien ihre Probleme zu haben schienen. Diese wagten es in der Regel aber auch nicht, das titanische Projekt ihres Kollegen in Frage zu stellen und waren wie dieser mehrheitlich davon überzeugt, daß eine vollständige, einheitliche und letzte abschließende kosmologische Theorie der Physik möglich ist, die das Universum erklärt.

Durfte er seinen Freund, der seine ganze Energie in die Suche nach der sogenannten Theorie für Alles steckte, mit seinen kritischen Fragen und Zweifeln demotivieren? Durfte er einem Ertrinkenden den Rettungsreifen wegziehen?

Während der ruhigen Weiterfahrt wurden ihm diese Fragen aber selbst fragwürdig. Schließlich hatte Albertson ja seinerseits auch immer wieder Zweifel an der Möglichkeit eines krönenden Abschlusses der theoretischen Physik und Kosmologie geäußert, die durch seine Träume noch verstärkt wurden. Außerdem machte er einen psychisch sehr stabilen Eindruck und hatte sich in seiner langen und sehr erfolgreichen Wissenschaftler-Karriere schon oft in heftigen Kontroversen bravourös geschlagen. Vielleicht verstand er seine kritischen Einwände auch gar nicht, weil er viel zu sehr mit dem positivistischen und mathematischen Denkstil identifiziert war, wie er selbst immer wieder betonte.

Brak war klar, daß sein Einstiegstor zum physikalischen Spielfeld die von der Physik selbst erzeugte Schnittmenge mit der Meta-Physik war: Durch die Quantentheorie wurde die theoretische Physik gezwungen, die Grenze ihres bisherigen Reviers zu überschreiten und den Blick in meta-physisches Terrain zu wagen. Vielleicht war sein Status als Nicht-Physiker sogar von Vorteil: Er war frei von Betriebsblindheit. Kurz vor der Ankunft bei seinem Freund war er sich sicher, daß ihre Freundschaft den bevorstehenden Disput unbeschadet überstehen würde. Beide waren sie Wissenschaftler, wenn auch Vertreter unterschiedlicher Wissenschaftstypen und Denktraditionen. Beide kannten und akzeptierten die Spielregeln der Wissenschaft, zu denen auch gehörte, sämtliche Theorien als Hypothesen zu sehen, die prinzipiell unbeweisbar waren und im Falle der Naturwissenschaften empirisch überprüfbar zu sein hatten. Zur wissenschaftlichen Grundhaltung gehörten namentlich Revisionsbereitschaft und Wahrheitsliebe.

Brak war entschlossen, seine Argumente so prägnant und klar wie möglich vorzutragen. In Anlehnung an die sokratische Tradition der Philosophie war seine Haltung: Ich weiß, daß ich nichts weiß—aber das auf hohem Niveau. In den vorangegangenen Gesprächen hatte er von seinem Freund viel über Physik und Kosmologie gelernt. Konnte dieser vielleicht auch etwas von ihm über Meta-Physik lernen?

Die Freunde begrüßten sich sehr herzlich.

»Guten Tag, du aktiver Träumer, gibt es etwas Neues aus deinem Nacht-Leben?« fragte Brak.

»Nein, du kecker Anti-Physiker, ich hatte zwar seit unserem letzten Gespräch zwei oder drei mal das Gefühl, geträumt zu haben. Ich kann mich aber an keine Einzelheiten mehr erinnern,« erwiderte Albertson lächelnd.

»Den Anti-Physiker nimmst du bitte sofort zurück!« sagte Brak mit gespielt strenger Miene: »Ich habe nicht nur nichts gegen deine Wissenschaft, ich bewundere sogar alles, was ich nicht verstehe, und das ist im Falle der Physik fast alles.«

»Du untertreibst, mein Freund, ich glaube, daß du in der letzten Zeit erstaunliche Fortschritte gemacht hast.«

»Schön wär's ja, Daniel, aber manchmal bedauere ich, mich überhaupt mit einigen Problemen deiner Disziplin beschäftigt zu haben. Am liebsten möchte ich einen Satz von Niels Bohr gegen deine theoretischen Versuche zitieren, den er 1958 zu einem Kollegen sagte: ›Wir sind uns alle darin einig, daß Ihre Theorie verrückt ist. Was uns trennt ist lediglich die Frage, ob sie verrückt genug ist.‹

Als Albertson nicht reagierte, fuhr er fort: »Jedenfalls ist mir jetzt klargeworden, daß du niemals den Nobelpreis für Physik erhalten wirst!«

Diese Äußerung machte Albertson mit einem Schlage hellwach, der vor Braks Besuch ein wenig geschlafen hatte. Er schaute seinen Freund mit blitzenden Augen scharf an. »Also, erstens habe ich bereits den ALBERT EINSTEIN AWARD erhalten, der dem Nobelpreis an Ansehen kaum nachsteht, und zweitens bin ich sehr auf deine Begründung gespannt!«

Brak freute sich, seinen Freund an einem wunden Punkt leicht getroffen zu haben. »Mir ist aufgefallen, daß seit 1901 nur wenige Astronomen und Kosmologen auf der Liste der Preisträger stehen.«

Albertson war angesichts dieser Begründung sichtlich erleichtert und sagte: »Das hängt damit zusammen, daß Alfred Nobel verfügte, daß keine Astronomen gewählt werden dürfen, weil seine Frau eine Affäre mit einem Astronomen gehabt hatte. Nobel haßte deshalb diese ganze Zunft.«

»Ich bezweifle dieses Gerücht, Daniel, und vermute, daß es noch andere Gründe dafür gibt, warum Astronomen und Kosmologen einen so schweren Stand in Stockholm haben.«
»Welche Gründe denn?«
»Nur wenn eine Entdeckung durch Experimente oder Beobachtungen als verifiziert gilt, hat ein Kandidat nach einem Grundsatz der Akademie die Chance, den Preis zu bekommen. Diesem Kriterium genügen deine bisherigen Arbeiten aber nicht. Noch nicht einmal die Existenz Schwarzer Löcher wurde bisher einwandfrei nachgewiesen, und deine anderen Hypothesen und Prognosen sind vielleicht in einigen Milliarden Jahren überprüfbar, aber dann gibt es möglicherweise kein Stockholm und auch kein Nobelpreiskomitee mehr.«
Albertson reagierte in gereiztem Ton: »Einsteins Theorien wurden auch nicht sofort nach ihrer Veröffentlichung bestätigt, so etwas braucht eben seine Zeit.«
»Du bist aber nicht Albert Einstein, mein Freund. Dazu fehlt dir dessen philosophisches Problembewußtsein!« konterte Brak.
»Ich habe keine Lust, in dieser Weise weiter mit dir zu streiten, Paul! Wir wollten doch heute über wichtigere Dinge als über Stockholm und den Nobelpreis reden.«
»Einverstanden! Kehren wir lieber nach Cambridge zurück. Bei meinen Versuchen, mich den Themen und Problemen deiner Wissenschaft zu nähern, ist mir *eines* klar geworden: Geisteswissenschaftler haben keinen Grund mehr, gegenüber euch Physikern Minderwertigkeitskomplexe zu haben, insbesondere nicht gegenüber der Kosmologenzunft.«
»Wie meinst du das?« fragte Albertson.
»Wenn ich zehn Literaturwissenschaftlern ein Gedicht von Friedrich Hölderlin oder Dylan Thomas oder eine Parabel von Franz Kafka zur Interpretation vorlege, bekomme ich jeweils mindestens

zehn verschiedene Deutungen. Frage ich zehn Kosmologen nach dem Anfang des Universums, werden mir mindestens zehn verschiedene Hypothesen angeboten. Die Kosmologie ist wohl das Wolkenkuckucksheim der Physik!«

Brak lächelte provozierend, aber Albertson retounierte gekonnt: »Du brauchst nicht zehn Kosmologen zu fragen, sondern lediglich vier oder fünf. Von diesen stammen alle entscheidenden kosmologischen Ideen der letzten Jahre.«

»Wer sind denn die drei oder vier anderen Apostel der neuen Genesis außer dir, Daniel?«

»Hättest du meine Publikationen gründlich gelesen, müßten dir wenigstens die Namen von zwei weiteren Kollegen einfallen.«

»Du meinst bestimmt Alan Guth und Andrej Linde, stimmt's?«

Albertson nickte: »Der vierte ist übrigens Alexander Vilenkin, aber auch Paul Steinhardt lieferte wichtige Beiträge.«

»Also wie viele auch immer bei euch den Ton angeben mögen: Ich habe nichts gefunden, was nicht umstritten wäre. Sogar das Urknall-Modell wird in Zweifel gezogen. Hattest du selbst nicht vor Jahren einmal diesbezüglich eine Kontroverse mit deinem Kollegen Fred Hoyle, der die Urknall-Theorie einmal ein Partygirl genannt hatte, das aus einer Geburtstagstorte hüpft? Vielleicht hat Hoyle ja mit seiner Hypothese recht, daß es gar keinen Urknall gab und stattdessen ständig Materie aus dem Nichts, was immer das sein mag, erzeugt wird!«

Albertson ließ sich nicht provozieren und antwortete souverän: »Ja, das stimmt. Hoyle vertritt seit dem Ende der vierziger Jahre die sogenannte Steady-State-Theorie, nach der das Universum expandiert und sich die Galaxien voneinander fortbewegen. Die Materie entsteht aus dem Nichts, um die Leere im Weltraum zu füllen, und verdichtet sich dann zu neuen Sternen und Galaxien. Junge, neu entstandene Galaxien ersetzen die alten sterbenden. In jedem beliebigen Moment sieht das Universum sehr ähnlich wie zu jedem anderen Zeitpunkt aus und befindet sich in einem stationären, unveränderten Zustand.«

»Wenn ich richtig gelesen habe, bist du ein Anhänger der Urknall-Kosmologie, und zwar einer bestimmten Version, da es innerhalb dieses Modells noch einmal verschiedene Varianten gibt.«

»So ist es, Paul. Die Urknall-Kosmologie verneint, daß Materie aus dem Nichts entstehen könnte, und vertritt die Auffassung, daß die Galaxien früher näher beieinander gewesen sein mußten, da sie sich heute voneinander entfernen. Das Universum hat also in sehr ferner Vergangenheit ganz anders als heute ausgesehen. Verfolgt man mit Hilfe der Gleichungen der allgemeinen Relativitätstheorie die Bewegungen der Galaxien in der Zeit zurück, stellt man fest, daß die Materiedichte und die Stärke des Gravitationsfeldes unendlich werden. Dieser Punkt heißt Urknall und wird durch astronomische Beobachtungen der jüngeren Zeit eher bestätigt.«

»Aber kommt ihr Mathematiker-Kosmologen nicht so oder so an den Punkt, an dem eure Gleichungssysteme zusammenbrechen? Im Fall des Steady-State-Modells habt ihr mit der Zahl Null, dem mathematischen Symbol für Nichts, zu kämpfen, im Urknall-Modell mit der mathematischen Größe Unendlich. Sowohl Null (0) als auch Unendlich (∞) sind als Werte doch der Todesstoß für jede Gleichung, oder?«

»In der Tat kann uns die allgemeine Relativitätstheorie nichts über den Anfang des Universums mitteilen, weil aus ihr folgt, daß alle physikalischen Theorien einschließlich ihrer selbst am Anfang des Universums versagen. Deshalb versuche ich ja, die Quantenmechanik einzubeziehen, und beide Teiltheorien zu einer einheitlichen Quantentheorie der Gravitation zu verbinden.«

»Du weißt ja, mein Freund, daß ich diesbezüglich große Zweifel habe—und zwar in mancherlei Hinsicht. Vielleicht steht es mir als mathematischem Analphabeten nicht zu, mich in dein Weltformel-Suchspiel einzumischen, aber einige Fragen werden wohl erlaubt sein!«

»Nur zu, Paul. Im übrigen hast du bisher keine einzige dumme Frage gestellt.«

»Danke, Daniel. Das liegt vielleicht auch daran, daß es möglicherweise gar keine dummen Fragen gibt, sondern höchstens dumme Antworten. Ich habe gelesen, daß du innerhalb der Urknall-Kosmologie ein Anhänger der sogenannten Inflationstheorie von Alan Guth bist. Danach hat das frühe Universum eine Zeit sehr rascher Ausdehnung durchlaufen. Sie heißt inflatorisch, weil sich das Universum zu einem bestimmten Zeitpunkt nicht wie heute mit abnehmender, sondern mit zunehmender Geschwindigkeit ausgedehnt hat. Dabei wuchs der Radius des Universums um das Million-Millionen-Millionen-Millionenfache an, was immerhin eine 1 mit 30 Nullen ist! Nach dem Urknall, wenn es ihn denn gegeben hat, war der Zustand des Universums sehr heiß und ziemlich chaotisch.
Bei solchen Temperaturen waren drei von vier bisher bekannten fundamentalen Naturkräften noch in einer einzigen Kraft vereinigt: 1. Die starke Kernkraft; 2. Die schwache Kernkraft; 3. Die elektromagnetische Kraft.

Diese drei sind wohl im Atominnern wirksam, und in den bisherigen Ansätzen zur großen vereinheitlichten Theorie geht es wohl darum zu zeigen, daß diese subatomaren Kräfte Teile einer einzigen grundlegenden Wechselwirkung sind. Habe ich das richtig verstanden, Daniel?«

»Du hast das korrekt referiert, Paul. Nur zur Ergänzung: Am mächtigsten ist die starke Kernkraft, welche die Bestandteile des Atomkerns zusammenhält—die Quarks, aus denen sich die Proto-

nen und Neutronen zusammensetzen. Tausendmal schwächer ist die elektromagnetische Kraft, welche die Elektronen in ihrer Umlaufbahn um den Atomkern hält. Und noch einmal hundertfach schwächer ist die schwache Kernkraft, die den radioaktiven Zerfall bewirkt.
Keine der bisherigen großen vereinheitlichen Theorien bezieht allerdings die Gravitation ein, die bei weitem schwächste aller vier Kräfte. Alle vier Naturkräfte waren wahrscheinlich zu einer einzigen Kraft verschmolzen, als das Universum sehr, sehr heiß war. Mein Ziel ist es, wie du weißt, diese vier Kräfte in einer einzigen mathematischen Erklärung zu vereinigen, denn ich möchte das Universum vollständig verstehen. Ich möchte zuerst wissen, warum es so ist, wie es ist—und anschließend, warum es überhaupt existiert.«
»Ich habe großen Respekt vor dir, Daniel! Es ehrt dich, daß du sozusagen auf's Ganze gehst, was immer das sein mag, und mit vollem Einsatz spielst. Ich möchte zunächst noch einmal auf die Quarks zurückkommen, bei denen ihr Physiker euch ja hinsichtlich der Namensgebung für diese Elementarteilchen, aus denen sich wiederum andere Elementarteilchen zusammensetzen sollen, aus dem Roman ›FINNEGAN'S WAKE‹ von James Joyce bedient habt: ›Three quarks for Muster Mark‹, heißt es da an einer Stelle. Dieser Satz paßt euch wohl deshalb gut ins Konzept, weil drei Quarks die Bausteine von Proton und Neutron sein sollen, aus denen sich der Atomkern zusammensetzt. Atome wiederum bestehen nach diesen Modellen aus Elektronen und dem Kern, wodurch die Bedeutung des griechischen Wortes ατομοσ für ›unteilbar‹ in der Atomphysik nicht länger haltbar zu sein scheint. In einer Zeitungsmeldung habe ich vor einiger Zeit gelesen, daß Wissenschaftler jetzt den letzten Baustein der Materie aufgespürt und das sogenannte Top-Quark im künstlichen Urknall nachgewiesen hätten. Nun sei end-

lich das noch fehlende sechste Elementarteilchen gefunden und dadurch das Standardmodell der Elementarteilchenphysik, in dem bisher nur fünf Quarks identifiziert waren, bestätigt worden.
Entschuldige bitte, Paul, wenn ich jetzt respektlose Fragen stelle: Kann es überhaupt einen oder mehrere ›letzte Bausteine‹ der Materie geben, wenn man die quantentheoretische Erkenntnis ernst nimmt, daß es letztlich gar keine isolierbaren Objekte mehr gibt, wie noch in der klassischen Physik, sondern stattdessen ein Netz von Beziehungen, das als Ganzes mehr ist als die Summe seiner Teile?
Grenzt die Rede vom künstlichen Urknall nicht an größenwahnsinnigen Schwachsinn? Haben diese Experimentalphysiker in ihrer Anlage etwa ein Universum erzeugt, in dem es intelligente Lebewesen gibt, die nach seiner Struktur, nach seinem *wie* und *warum* fragen können?
Oder was berechtigt die Physiker, einen künstlich erzeugten Vorgang im Labor begrifflich genauso zu identifizieren wie jene Urknall-Singularität—oder was auch immer—am Anfang dieses Universums, in dem sich später Pflanzen, Tiere und Menschen entwickelten?«
»Ich wurde von dieser sogenannten Entdeckung der Kollegen des FERMI NATIONAL ACCELERATOR LABORATORY in Batavia im US-Bundesstaat Illinois unterrichtet, die aber ihre bisherigen Ergebnisse lediglich als hervorragende Indizien und nicht als Entdeckung bezeichneten und noch weitere Versuche machen wollten, um den Top-Quark-Nachweis zu untermauern. Glaube bitte nicht alles, was in den Zeitungen steht, mein Freund!«
»Wann ist denn nun diese Jagd nach den Elementarteilchen, aus denen sich Elementarteilchen zusammensetzen, aus denen sich weitere Elementarteilchen zusammensetzen, aus denen sich wiederum noch weitere Elementarteilchen zusammensetzen, aus

denen sich wiederum noch weitere, weitere, weitere Elementarteilchen zusammensetzen,—zu Ende?«

»Es ist durchaus möglich, daß in noch größeren Teilchenbeschleunigeranlagen oder Collider-Giganten durch Erzeugung höherer Energien weitere neue Aufbauschichten der Materie entdeckt werden können, die noch elementarer als die heute als ›Elementarteilchen‹ geltenden Quarks und Elektronen sind,« antwortete Albertson.

»Dann bitte ich doch einmal, meinen Vorschlag zu realisieren, und eine Beschleunigeranlage zu bauen, die sich entlang des Äquators rund um den Erdball erstreckt! Erstens hat die Menschheit ja genug Geld für solche Experimente, und, zweitens, könnte man dann die Teilchen vielleicht auf Lichtgeschwindigkeit beschleunigen, wodurch sie sich nach der Formel $\mathscr{E} = m \times c^2$ und den Erkenntnissen von Louis de Broglie wahrscheinlich in reine Lichtenergie verwandeln würden, was sie ja auch tun, wenn man sie gegeneinander schießt und zur Kollision bringt.

Sollte der Äquator-Collider nicht ausreichen, müßte man dann als nächstes eine Anlage von der Erde zum Mond und wieder zurückbauen. Wenn die Forschungs- und Militäretats der Industrieländer zur Finanzierung des Erd-Mond-Erd-Colliders nicht ausreichen, kann ja jeder einzelne Erdenbürger durch eine großzügige Spende mit dazu beitragen, daß diese Experimente, die der ganzen Menschheit zum Segen gereichen würden, dennoch durchgeführt werden können.«

»Du bist ja ein richtiger Feind der Wissenschaft!« sagte Albertson nicht ganz ernst.

Brak lachte: »Das Gegenteil ist der Fall, mein Freund. Ich liebe die Wissenschaften—nein, das stimmt natürlich nicht: Ich liebe das Leben und die Schönheiten darin, wozu auch einige Wissenschaftlerinnen und Wissenschaftler gehören. Ich habe allerdings etwas gegen Forschungen und Experimente, die nach meiner Auffassung *Sackgassen-Forschung* sind und weder auf wissenschaftlicher Ebene theoretisch noch auf volkswirtschaftlicher Ebene ökonomisch legitimiert werden können—von der Unhaltbarkeit militärischer Legitimationsversuche ganz zu schweigen!

Ich will das noch genauer erläutern: Du und deine Kollegen sprechen in zwangloser Rede über Elementarteilchen, als besäßen diese eine voll gültige, eigenständige Existenz mit allen dazugehörigen Attributen. Ist das nicht eine Fiktion—wie so manche Formulierungen in deinen Publikationen, wo die Grenzen zwischen ›Science‹ und ›Science fiction‹ verschwimmen?

Die Quantentheorie hat gezeigt, daß die Gebilde der untersten Ebene im Universum, also die sogenannten Elementarteilchen—von denen es inzwischen mindestens die Protonen, Neutronen, Elektronen, Baryonen, Bosonen, Fermionen, Gluonen, Gravitinos, Gravitonen, Hadronen, Leptonen, Mesonen, Myonen, Neutrinos, Photonen, Positronen, Quarks, W-Teilchen, Z-Teilchen und vielleicht auch das Higgs-Teilchen und möglicherweise auch noch ein Hacks-, Hocks- oder Hucks-Teilchen geben soll—im Grunde gar nicht elementar sind. Sie sind von sekundärer, abgeleiteter Natur: Sie sind abstrakte Konstruktionen, die auf dem Grund von irreversiblen ›Beobachtungsereignissen‹ oder Meßergebnissen errichtet sind. Im Gegensatz zu dem, was sein Name besagt, ist ein Elementarteilchen gerade kein ›vorgegebener‹, isolierbarer Gegenstand.«

»Verschone mich bloß mit deinen erkenntnistheoretischen Spitzfindigkeiten aus der Quantentheorie!« sagte Albertson leicht verärgert und fuhr fort:

»Was dein indirektes Zwiebelschalen-Bild bezüglich der Elementarteilchen betrifft, so scheint es, als könnte die Gravitation dieser

Folge von Zwiebelschalen in Zwiebelschalen in Zwiebelschalen usw. ein Ende setzen. Hätte ein Teilchen eine Energie über der Grenze, die als Plancksche Energie bezeichnet wird, wäre seine Energie so konzentriert, daß es sich vom übrigen Universum trennen und ein kleines ›Schwarzes Loch‹ bilden würde. Deshalb scheint die Folge von immer genaueren Theorien bzw. kleineren Elementarteilchen irgendwo ein Ende haben zu müssen. Leider können wir den Abstand zwischen der Planckschen Energie und der gegenwärtig in unseren Laboratorien erzeugten Energie in absehbarer Zukunft nicht überbrücken, da diese in ihren Größenordnungen durch Welten voneinander getrennt sind.«
»Deshalb sollten wir noch heute eine Erd-Mond-Erd-Collider-Initiative starten und uns Sammelbüchsen besorgen,« sagte Brak und lachte, während sein Freund mürrisch den Kopf schüttelte.
»Ich habe noch weitere Argumente für meine Auffassung, daß sich die heutigen Kosmologen, ähnlich wie die Theologen einst und jetzt, für gewöhnlich im Irrtum, doch selten im Zweifel befinden und daß sowohl die theoretische Physik als auch die davon inspirierte Experimentalphysik in einer *dreifachen Sackgasse* stecken: Im Falle deiner Wissenschaft wird mit enormem Aufwand suggeriert, daß—ähnlich wie im Märchen von des Kaisers neuen Kleidern—der Kaiser immer wieder neue Kleider anhat.
In Wahrheit ist er aber nackt, und dies bezüglich
1. Der Elementarteilchentheorie.
2. Der induktiv-empirisch-experimentellen Methode.
3. Der deduktiv-axiomatischen Methode der Mathematik.
Zur ersten Sackgasse: Das Quark-Modell wurde inzwischen durch die String- oder Superstring-Theorie ersetzt, und man darf gespannt sein, wann die nächste neue Mode kommt.
Während die Quarks noch als punktförmige Elementarteilchen der Materie gedacht wurden, gehen die Stringtheorien von un-

meßbar kleinen Saiten als den letzten Grundbausteinen der Materie aus, die durch Schwingungen die herkömmlichen Teilchen wie Quarks und Elektronen bilden und 100 Milliarden mal kleiner als ein Proton sein sollen. In deinen Büchern habe ich Widersprüchliches gelesen, was deine Einstellung zu dieser Theorie betrifft, die leider nicht *eine* Theorie ist: Es lassen sich wohl bis zu 10^{38} (zehn hoch achtunddreißig!) verschiedene Varianten konstruieren—was sagst du dazu, Daniel?«

»Ich habe in der Tat einige Zeit vermutet, daß die Superstring-Theorie der beste Kandidat für eine korrekte Theorie der Quantengravitation sein könnte. Inzwischen stelle ich mir die Frage, ob diese Theorie eine ernsthafte wissenschaftliche Theorie ist, weil sie bisher keine überprüfbaren Vorhersagen geliefert hat und auch in mathematischer Hinsicht in ihrer momentanen Form weder schön noch vollständig ist.«

»Außerdem operieren diese Theorien mit neun oder zehn Raumdimensionen, um widerspruchsfrei sein zu können, und es ist offensichtlich nicht klar, wie die eingerollten fünf oder sechs Dimensionen mit der sichtbaren vierdimensionalen Welt verbunden sind,« fügte Brak hinzu und führte zur zweiten Sackgasse folgendes aus:

»Im Kontext deiner Ausführungen über Superstrings und Baby-Universen (!) habe ich gelesen, daß wir nicht beobachten können, wie viele solcher Universen es im All gibt und daß unsere Fähigkeiten, bestimmte Größen vorherzusagen, beschränkt bleiben werden. Baby-Universen existierten in ihrem eigenen Reich und man fühle sich ein bißchen an die Frage erinnert, wie viele Engel auf einer Nadelspitze tanzen können.

Trotz deiner Vorbehalte gegen die Philosophie ist dir wahrscheinlich klar, daß du hier eine Frage zitiert hast, die in der mittelalterlichen Scholastik ernsthaft erörtert worden ist. Ist es Zufall, daß du

im Rahmen deiner kosmologischen Spekulationen eine scholastische Frage assoziierst? Weißt du auch, woran die Scholastik letztlich gescheitert ist?« »Nein, mein Freund. Woran denn?«
»An ihrem mangelnden Erfahrungsbezug. Die an Naturerkenntnis interessierten Denker der beginnenden Neuzeit waren es leid, sich immer nur von Theologen, Schriftgelehrten und Philosophen sagen zu lassen, in welcher Sprache das Buch der Natur geschrieben war. Sie wollten mit eigenen Augen die Naturvorgänge beobachten, Experimente durchführen und waren der Überzeugung, daß Gott ein Mathematiker sein müsse.
Ich denke, daß deine theoretischen Versuche zur Quantengravitation aus demselben Grund wie seinerzeit die scholastischen Spekulationen scheitern werden. Allerdings hat in deiner Kosmologie die Mathematik die Rolle übernommen, die in den abstrakten theologischen und philosophischen Versuchen des Mittelalters der griechischen und lateinischen Sprache zukam, die auch nur von sogenannten Eingeweihten verstanden werden konnte.
Und natürlich hoffe ich, daß es dir nicht so ergeht wie Thomas von Aquin, der als der bedeutendste Scholastiker gilt: Nach einer Vision oder geheimnisvollen Erfahrung ca. ein Jahr vor seinem Tod schrieb und diktierte er keine Silbe mehr; als sein Sekretär ihn drängte, die Arbeit an der SUMMA THEOLOGIÆ fortzusetzen, antwortete er: ›Ich kann nicht, denn alles, was ich geschrieben habe, kommt mir jetzt wie Stroh vor.‹
An die Stelle der gigantischen Dome und Kathedralen, die wenigstens durch ihre Architektur zu gefallen vermögen, sind in deiner Wissenschaft die Collider-Giganten getreten, die nicht nur häßlich sind, sondern mit nicht mehr zu legitimierendem finanziellen Aufwand und einem längst überholten Bauklötzche-Modell der Materie nach deren kleinstem Baustein suchen.
Bei der Anwendung der Quantentheorie auf Mikro- und Makro-

kosmos gibt es prinzipielle Erfahrungsgrenzen, die auch nicht durch noch bessere Raumsonden, größere Radioteleskope oder Teilchenbeschleuniger- und Computeranlagen überwunden werden können. Dein von dir sehr geschätzter Kollege John Wheeler meinte hierzu einmal, daß wir vor diesen Fragen wie Kinder stehen, die ums Überleben kämpfen. Wir wüßten nicht mehr, was oben und was unten sei: Im Mittelpunkt stünde das Quantum, dies sei das größte Geheimnis, und niemals habe er sich in seinem Leben weiter von einer Lösung entfernt gefühlt als heute.«

»Das ist nicht fair!« unterbrach Albertson seinen Freund: »John glaubt wie ich an die Möglichkeit, daß wir eines Tages das Prinzip, das der Existenz zugrunde liegt, als so einfach, so offensichtlich erkennen, daß wir zueinander sagen: ›Wie konnten wir nur so lange so blind sein!‹«

»Da stimme ich Wheeler sofort zu, Daniel! Auch ich glaube, daß das, was Allem zugrunde liegt, sehr einfach und offensichtlich ist.«

»Ich wäre dir sehr dankbar, wenn du es mir sagen könntest—falls du es überhaupt weißt, mein Freund!«

Brak lachte: »Natürlich weiß ich es—nur Geduld, mein Lieber! Zuerst einmal möchte ich die Sackgassen als Sackgassen erkennen und zeigen, auf welchen Wegen man *nicht* weiterkommt. Die induktiv-empirisch-experimentelle Methode ist zunehmend an Grenzen gestoßen und vermag keine endgültigen letzten Erkenntnisse zu liefern. Auch die deduktiv-axiomatische Methode der Mathematik ist durch Gödel und Benacerraf an eine prinzipielle Grenze gestoßen, die durch deine Spekulationen noch befestigt wurde.

In deinen Publikationen hast du behauptet, daß die Gesamtenergie des Universums gleich Null ist: Die Materie des Universums, die sich mittels der Gravitationskraft anziehe, bestehe aus positiver Energie. Das Gravitationsfeld besitze negative Energie, weshalb die

Gesamtenergie des Universums gleich Null sei. Formal darf ich das wohl so ausdrücken: $+m \times c^2 = -m \times c^2$ (Materie des Universums = Gravitationsenergie) Die durch diese Gleichung erzeugte Null ist das mathematische Symbol für Nichts, was immer das bedeuten mag. In diesem Zusammenhang hast du dich einmal auf Alan Guth berufen, der gesagt hatte: ›Es heißt, von nichts kommt nichts. Doch das Universum ist die Verkörperung des entgegengesetzten Prinzips in höchster Vollendung.‹ Stellt diese Null nicht eine weitere mathematische Grenze für dein Weltformel-Projekt dar? Müssen an diesem Punkt nicht alle Gleichungen zusammenbrechen?«

»Alle Mathematiker und Physiker scheuen sowohl die Null als auch unendliche Werte wie der Vampir den Knoblauch. Unendliche Größen in unseren Gleichungen können wir durch einen Prozeß der sogenannten Renormierung beseitigen. Unendliche Größen werden durch die Einführung anderer unendlicher Größen gleichsam aufgehoben.«

»Ich glaube, daß Paul Dirac diese Vorgehensweise mit der Begründung ablehnte, sie sei kompliziert und häßlich. Er hielt eine Theorie, die mit eigens eingeführten mathematischen Tricks ohne direkte physikalische Grundlage arbeitet, für nicht gut.«

»Das stimmt, Paul. In der Tat ist dieses Verfahren mathematisch etwas zweifelhaft, es hat sich aber in der Praxis schon ganz gut bewährt. Unter dem Gesichtspunkt der gesuchten Vereinheitlichung der Theorien gibt es allerdings noch eine Reihe ungelöster Probleme, auch mathematischer Art. Was das Ergebnis Null in der von dir erwähnten Gleichung betrifft, so handelt es sich hierbei um das Problem der kosmologischen Konstante.«

»Tauchte diese nicht auch schon in Einsteins Kosmologie auf?«

»Kompliment, mein Freund. Du hast deine Hausaufgaben gut gemacht,« sagte Albertson mit leicht ironischem Unterton. »Allerdings bedeutet der Begriff der kosmologischen Konstante bei Einstein etwas völlig anderes als in unseren neueren kosmologischen Modellen. Die ursprünglichen Gleichungen der allgemeinen Relativitätstheorie sagten voraus, daß das Universum entweder expandiert oder sich zusammenzieht. Deshalb führte er einen weiteren Term in die Gleichungen ein, um mit dieser kosmologischen Konstanten, die einen abstoßenden Gravitationseffekt hatte, die Massenanziehung der Materie durch Abstoßung auszugleichen. Auf diese Weise kam er zu seinem Modell eines Weltalls, das ewig im gleichen Zustand bleibt. Diesen kosmologischen Term hat Einstein nach der Entdeckung des expandierenden Universums durch Hubble 1929 als die größte Eselei seines Lebens bezeichnet. Für uns heutige Physiker repräsentiert die kosmologische Konstante aber etwas ganz anderes, nämlich die Energie im leeren Raum des Weltalls.«

»Ach, Daniel,« seufzte Brak, »deine Kosmologie ist im wahrsten Sinn des Wortes null und nichtig. Jetzt bietest du mir schon eine Null in der Null an: Die Gesamtenergie des Universums sei Null, hast du behauptet, und der leere Raum, das Vakuum ist doch wohl mathematisch gesehen ebenfalls Null. Null plus Null bleibt Null, Null minus Null wohl auch, Null mal Null ergibt wohl auch keinen neuen Wert. An dieser Stelle bist du doch erneut mit der alten metaphysischen Frage konfrontiert, wie denn aus Nichts etwas werden kann: Warum ist überhaupt Sciendes—und nicht vielmehr Nichts? Diese *Warum*-Frage wolltest du doch ursprünglich vom physikalischen Revier fernhalten und dich lediglich auf die naturgesetzliche Beschreibung des *wie* des Anfangs des Universums beschränken. Diese Abgrenzung scheinst du nicht durchhalten zu können, mein Freund, oder?«

»Ich habe auch in meinen Veröffentlichungen immer wieder zugegeben, daß wir Kosmologen noch längst nicht alle mathematischen Probleme gelöst haben. Im Gegensatz zu dir habe ich aber die Hoffnung, daß sich diese Probleme prinzipiell lösen lassen. Ich erläutere dir gerne, wie deine Fragen beantwortet werden können, wenn man die Quantentheorie auf die Kosmologie anwendet, was ich seit Jahren tue.

Ein wichtiger Ausgangspunkt dabei ist der Begriff der Quantenfluktuation, dem zufolge der leere Raum nicht leer ist, sondern Schauplatz sehr heftiger Ereignisse, die sich im ganz Kleinen abspielen.

Kleine Energiemengen können kurzzeitig aus dem Nichts auftauchen und wieder verschwinden. Eine Quantenfluktuation hat die Form des plötzlichen und kurzzeitigen Auftretens von Elementarteilchen, die fast sofort wieder verschwinden. In meiner Arbeit über Schwarze Löcher habe ich gezeigt, daß sich an deren Ereignishorizont durch Quantenfluktuationen Paare virtueller Teilchen bilden können. Einigen dieser Paare passiert es, dachte ich eine Zeit lang, daß der eine Partner verloren geht, während der andere Partner nicht verschwindet, sondern nach außen in den Raum gelangt. Inzwischen habe ich aber eine Wette gegen einen Kollegen verloren, alles spricht dafür, daß das Paar nicht für immer getrennt ist, oder physikalisch formuliert: Auch aus einem Schwarzen Loch kann Information entweichen.«

Brak lachte und unterbrach seinen Freund: »Es wird doch wohl kein Baby-Universum sein, das da aus dem Schwarzen Loch herauskommt? Aber jetzt wieder eine ernsthafte Frage: Warum ist der leere Raum nicht leer?«

»Wir Kosmologen unterscheiden zwischen wahrem und falschem Vakuum.«

»O je,« seufzte Brak, »eure Phantasie geht gegen unendlich.«

»Wir denken uns die Sache so, Paul: Das wahre Vakuum ist das, woran man sofort denkt—der leere Raum ohne Materie und Energie. Das falsche Vakuum ist zwar auch frei von Materie, aber nicht von Energie. Die Energie des falschen Vakuums ist keine der üblichen Energien, wie etwa die des elektromagnetischen oder des Gravitationsfeldes. Wir vermuten, daß es sich um eine neue Art von Feldenergie handelt, die möglicherweise der Energie radioaktiver Prozeße vergleichbar ist.

Aus Einsteins allgemeiner Relativitätstheorie ergibt sich das Hauptmerkmal des falschen Vakuums: Ein mit Energie, aber nicht mit Materie erfülltes Raumgebiet bleibt nach dieser Theorie kurze Zeit gebunden, um danach plötzlich und explosiv zu expandieren, wobei immer mehr Raum in den Zustand des falschen Vakuums übergeht. Ebendies nannte Alan Guth ›inflationäre Expansion‹, die mit einer sehr viel größeren Geschwindigkeit verlief, als es die zuvor betrachtete Expansion im Laufe seiner Entwicklung jemals tat. Diese plötzliche Expansion ist der Urknall. Vor diesem Ereignis war der gesamte Raum im Zustand des wahren Vakuums.«

»Das wahre Vakuum ist absolut Nichts?« fragte Brak lächelnd.

»Nach den fundamentalen Prinzipen der Quantentheorie gibt es in der Natur nichts, was in Ruhe bleibt. Auch das wahre Vakuum ist Fluktuationen unterworfen, insbesondere Energiefluktuationen.«

»Diese Vermutung finde ich großartig, Daniel. Ich bin zwar kein Quantenkosmologe, aber ich habe mir einige allerdings eher bescheidene meta-physische Gedanken gemacht, die mit Sicherheit durch den noch zu bauenden Erd-Mond-Erd-Collider verifiziert werden können. Meine Hypothese ist, daß es vielleicht ein meta-physisches Energiefeld als letzte fundamentale Einheit des Universums geben könnte, das allerdings weder zum Objekt der Physik noch der Philosophie gemacht werden kann, weil es die zugrundeliegende transzendental-ontologische Bedingung der Möglichkeit der durch den ErkenntnisProzeß erzeugten Subjekt-

Objekt-Spaltung ist.« Albertson schaute seinen Freund mit fragenden Augen an und sagte: »Jetzt verstehe ich gar nichts mehr!«
Brak erwiderte lachend: »Das geschieht dir ganz recht! Ich verstehe von deinen Ausführungen auch fast nichts.«
»Du bist unfair! Ich habe mir immer Mühe gegeben, meine Themen verständlich darzustellen und bitte dich, dein philosophisches Kauderwelsch so zu übersetzen, daß ich verstehe, was du meinst!« sagte Albertson mit gespieltem Ärger, »außerdem hast du mehr verstanden, als du vorgibst, du altes Schlitzohr!«
»Das sogenannte Kauderwelsch erläutere ich dir gerne. Vorher solltest du aber noch etwas Erklärendes über diese neue Feldenergie sagen,« bat Brak, »und ich möchte wissen, welche Beziehung zwischen wahrem und falschem Vakuum besteht: Könnte es sein, daß nach deren Vermischung ein Baby-Vakuum heranwächst?«
»Du bist ein Quatschkopf!« sagte Albertson und ließ sich vom Lachen seines Freundes anstecken. Dann sagte er: »Das Feld, das für den Energiegehalt des falschen Vakuums sorgt, ist im wahren Vakuum nicht vorhanden, aber Spuren von ihm gibt es als sogenannte Fluktuationen doch. So kann es dazu kommen, daß ein kleines Raumgebiet in das falsche Vakuum fluktuiert. Diese Raumregion expandiert fast augenblicklich in unvorstellbarem Maße, wobei ein neues, enorm großes Raumgebiet entsteht, das entsprechend den Eigenschaften des falschen Vakuums mit Energie gefüllt ist—der Urknall.«
»Das sind ja dramatische Prozeße,« unterbrach Brak seinen Freund lächelnd, »die Beziehung zwischen falschem und wahrem Vakuum ist nun wirklich unglaublich geheimnisvoll. Ist diese Hypothese wenigstens mathematisch plausibel?«
»Das steht noch nicht endgültig fest, aber wir arbeiten fieberhaft daran,« antwortete Albertson und fuhr fort: »Wenn das expandie-

rende Raumgebiet eine gewisse Größe erreicht hat, kommt die inflationäre Explosion zum Stillstand, und es entsteht ein wahres Vakuum. Die ungeheure Energiemenge im falschen Vakuum füllt das wahre Vakuum mit heißer Strahlung, mit Quark-Antiquark-Paaren, Elektron-Positron-Paaren, Neutrinos usw. Damit ist das Universum geboren, die langsame Expansion dauert an, die Temperatur sinkt, und die vorbeobachtbare Geschichte des Universums beginnt und geht später in die beobachtbare Geschichte ein.«

»Das ist ja ein unglaubliches Modell!« sagte Brak und fragte: »Und wo sind die Strings und Superstrings geblieben?«

»Ich sagte dir doch schon vorhin, daß ich mich von diesem Modell inzwischen distanziert habe.«

Brak ließ nicht locker: »Also bist du zu der Vorstellung zurückgekehrt, daß die Elementarität der Elementarteilchen in mathematischer Hinsicht als punktförmig beschrieben werden muß und favorisierst wieder das Quarkmodell?«

»Als Übergangsmodell schon! Das letzte Wort ist hier natürlich noch nicht gesprochen,« antwortete Albertson seinem Freund, dem die Bemerkung herausrutschte:

»Getretener Quark wird breit, aber nicht stark!« was so oder so ähnlich wahrscheinlich Goethe schon einmal gesagt hatte. Als Albertson nicht reagierte, fuhr Brak fort: »Bitte erzähle mir noch etwas von Baby- und Blasen-Universen, von Wurmlöchern und einem Mega-Universum und zeige mir, wo hier jeweils die Grenzen zwischen Wissenschaft und der Synthese aus mathematischer und fiktionaler Kreativität verlaufen.« Die kosmologischen Begriffe hatte er in den Publikationen seines Freundes gelesen. Albertson ignorierte die kritische Formulierung seines Freundes und erläuterte: »Meine experimentell arbeitenden Kollegen werden immer wieder mit sogenannten Dreckeffekten konfrontiert. Dabei

handelt es sich um eigentümliche, unwahrscheinliche oder überhaupt nicht reproduzierbare Phänomene, die in der Regel auf unsaubere Versuchsbedingungen zurückzuführen sind, beispielsweise Verunreinigungen in einem Lösungsmittel, ein schlechter elektrischer Kontakt oder ein korrodiertes Halbleiterelement— eben einen durch Dreck bedingten Effekt. Wird die Ursache solcher Effekte erkannt und unter Kontrolle gebracht, können sie aber durchaus sehr interessant sein. Man kann sagen, daß Kopernikus die Erde zu einem Dreckeffekt des Sonnensystems machte.«
Brak unterbrach den Vortrag seines Freundes: »Ich schlage vor, das Universum als Dreckeffekt des lieben Gottes zu sehen, das vom bösen Teufel erschaffen wurde, als der liebe Gott einen winzigen Augenblick nicht aufgepaßt hatte!«
Albertson lachte nicht über diesen Scherz und fuhr fort:
»Das Leben kann als Dreckeffekt der organischen Chemie verstanden werden, die ihrerseits ein Dreckeffekt der atomaren Elektronenbahnen ist. Die uns bekannte Materie ist ebenfalls eine Art Dreckeffekt, da sie lediglich nur einige Prozent der Gesamtmasse des Universums ist. Vom großen Rest weiß man lediglich, der er dunkel und nur indirekt durch seine gravitationellen Wirkungen nachweisbar ist.
Wahrscheinlich ist die Sonne ein Dreckeffekt der Galaxis, die ihrerseits ein Dreckeffekt des Universums ist. Und möglicherweise ist *unser* Universum mit seinen Hunderten von Milliarden Galaxien und sehr viel mehr dunkler Materie nur ein Dreckeffekt eines unendlich komplizierten Labyrinths von Universen, die durch sogenannte Wurmlöcher miteinander verbunden sind und sich durch quantenmechanische Knospung stetig weiter fortpflanzen, sich aber auch durchdringen und vernichten können. Quantenfluktuationen sind die Geburtskanäle für Wurmlöcher, die jeweils den Kristallisationskeim für ein neues Universum, ein Baby-

Universum darstellen.« Brak unterbrach seinen Freund erneut: »Jetzt verstehe ich, warum dir die entscheidenden Ideen deiner kosmologischen Hypothesen während der Geburt deiner Tochter gekommen sind.«

»Entscheidend ist nicht, wann die Ideen kommen, sondern ob sie wahr sind!« konterte Albertson.

»Da sind wir uns ausnahmsweise einmal einig!« spielte Brak den Ball zurück, und Albertson fuhr fort:

»Alle Universen, unseres eingeschlossen, sind Elemente einer beliebig verzweigten Kette, die über Wurmlöcher miteinander verbunden sind, die übrigens sehr dünn sind: Ihr Durchmesser beträgt ca. 10^{-32} Millimeter, was der Größe einer gravitationellen Quantenfluktuation entspricht.«

»Dies wurde bestimmt schon durch empirische Messungen bestätigt?« fragte Brak nicht ganz ernsthaft und ergänzte: »Das Gewebe der Raumzeit gleicht dann wohl einem Stück Schweizer Käse, die Löcher wären die Universen und die Wurmlöcher winzige Röhren, welche die getrennten Universen verbinden können, stimmt's?«

»Weniger kulinarisch und mehr kosmologisch formuliert, erzeugten die Quantenfluktuationen in einer sehr frühen Phase Blasen des falschen Vakuums, die tunneln und ihre eigenen Universen bilden, in denen sich wiederum neue Blasen bilden und tunneln. Es gibt also eine sehr große Anzahl von Universen, die wie eine Art kosmischer Hefe aus früheren erwachsen und wiederum neue erwachsen lassen.«

»Nun bist du in der Backstube gelandet! Wie hat man sich den Vorgang des Tunnelns zu denken?«

»Nach den Berechnungen der klassischen Physik kann sich die anfänglich kleine Blase eines falschen Vakuums nicht zu einem neuen Weltall entwickeln, da es nämlich eine Energieschranke gibt. Die kleine Blase braucht zusätzliche Energie oder Masse, damit sie die Hürde überspringen und mit der Inflation beginnen kann. Nach der Quantenmechanik gibt es aber eine Möglichkeit, diese Hürde auch ohne zusätzliche Energie zu überwinden—eben durch das Tunneln. Dies beruht darauf, daß sich in der Quantentheorie über den Zustand oder die Bedingungen eines Systems nur Wahrscheinlichkeitsaussagen machen lassen. Das System ist mit einer gewissen Wahrscheinlichkeit diesseits, mit einer kleineren jenseits der Hürde: Es hat sich sozusagen einen Tunnel gegraben. Die Wahrscheinlichkeit für ein solches Ereignis hängt stark von der Größe und Masse ab, bei der eine Blase falschen Vakuums die Inflation beginnen kann, was ihr erlaubt, sich zu einem voll ausgewachsenen Universum aufzublähen. Baby-Universen könnten durchaus überall auftreten. Alan Guth hat zu zeigen versucht, daß dieser Prozeß immer weiter geht, wenn er einmal begonnen hat, wobei sich fortwährend neue Universen als Stücke des falschen Vakuums ablösen.«

»Ich finde es wunderbar, daß auch im physikalischen Universum die Aufforderung aus dem Alten Testament befolgt wird: ›Wachset und mehret euch!‹« sagte Brak:

»Das sind großartige Szenarien, die ihr Kosmologen entworfen habt. Ich bin beeindruckt, was man durch das Lösen von Gleichungen, durch mathematische Transformationen, Renormierungen usw. alles über das Universum erfahren kann—oder sind bisher schon ein Baby-Universum, ein Wurmloch, eine kosmische Blase, ein Tunnelvorgang und ein weiteres Universum beobachtet worden?«

»Bisher noch nicht,« antwortete Albertson, »aber was nicht ist, kann ja noch werden.«

»Das hast du erneut meine volle Zustimmung,« sagte Brak und lachte augenzwinkernd. Dann meinte er mit ernstem Gesicht: »Dein Kollege Leonard Susskind fragte in diesem Zusammenhang einmal: ›Wie werden die Gleichungen und Begriffe, die es erlauben, diese kosmologischen Fragen zu beantworten, richtig formuliert?‹

Er sei in einen Morast hineingeraten, und der Kosmologe Sidney Coleman sprach diesbezüglich von einem bodenlosen Sumpf.

Welchen Sinn haben deine Gleichungen, Daniel? Sind sie ohne physikalische Deutung und empirische Überprüfbarkeit nicht bloße mathematische Spekulationen—vielleicht den virtuellen Welten vergleichbar, die durch Cyberspace-Computer erzeugt werden und die mit der sogenannten realen Welt auch nicht viel zu tun haben?

Deine Kosmologie erinnert mich an das Spiel bei Kindergeburtstagen: Wurstschnappen! Während die Kinder aber aus gutem Grund springen und eine echte Chance haben, die Wurst zu schnappen, springst du mit deinen Kosmolo-Kollegen, ohne jemals die Wurst schnappen zu können—weil da gar keine hängt!«

Brak hatte sehr engagiert gesprochen und wußte, daß sie sich in der entscheidenden Phase ihrer kontroversen Gespräche befanden:

»Auch die Vorstellungen von einer Vielzahl von Universen bewegen sich doch am Rande des begrifflichen Un-Sinns!

Alfred North Whitehead schrieb einmal: ›Das Universum ist immer eins, da es nicht anders überblickt werden kann als durch ein wirkliches Einzelwesen, das es vereinigt.‹

Und Ludwig Wittgenstein, den du ja sehr schätzt, hat sinngemäß gesagt, daß die Existenz anderer Universen keine Aussage sein kann: Diese Aussage sei nur dann sinnvoll, wenn aus ihr irgendwelche beobachtbaren Konsequenzen folgten!«

Albertson wollte seinen Freund unterbrechen, aber der war nicht mehr zu bremsen: »Was ich gut verstehen kann, Daniel, ist deine Suche nach der Einheit des Universums und dein Bemühen um

eine neue, vielleicht letzte Stufe der Vereinheitlichung der Physik. Ich habe größten Respekt vor deinem Engagement und bewundere deine nicht nachlassende Kraft in diesem Spiel!
Am Ende deiner Antrittsvorlesung bei der Übertragung des LUCASISCHEN LEHRSTUHLS FÜR MATHEMATIK 1980 hast du sinngemäß gesagt, daß sich die Computer eines Tages aufgrund der rasanten technischen Entwicklung eines Tages der theoretischen Physik bemächtigen werden und am Schluß formuliert:
›Deshalb könnte ein Ende in Sicht sein—wenn nicht für die theoretische Physik, so doch für die theoretischen Physiker.‹
Diesen Satz verstehe ich so, daß in einer ersten Stufe zunächst die Physiker durch Computer ersetzt werden sollen, die dann mit Hilfe ihrer enormen Rechenkapazitäten in einer zweiten Stufe die vom Menschen nicht mehr zu bewältigenden mathematischen Probleme lösen und die ersehnte Theorie für Alles, also die Theorie der kosmologischen Quantengravitation liefern sollen.«
Nun kam Albertson doch wieder zu Wort, indem er eine Atempause seines Freundes nutzte:
»Wir haben in den letzten Jahren einen so gewaltigen Sprung gemacht, daß man nicht hoffen darf, es werde endlos so weitergehen. Ich halte es in der Tat für möglich, daß wir uns entweder festfahren und überhaupt keine Fortschritte mehr erzielen oder daß wir bald auf die vereinheitlichte Theorie stoßen.«
»Sowohl deine Träume als auch die bisher angesprochenen prinzipiellen erkenntnistheoretischen und methodologischen Probleme sprechen für die erste Möglichkeit! Dankenswerterweise gibst du ja mit vielen deiner Kollegen zu, wie schwierig allein die mathematischen Probleme bisher sind, die befriedigend gelöst werden müßten.
Selbst wenn euch in Zukunft noch gigantischere und perfektere Computersysteme zur Verfügung stehen, was ich durchaus für

möglich halte—drei Dinge werden sie niemals liefern können:
1. Schlüssige mathematische Theorien, die beweisbar sind.
2. Eine physikalische Interpretation der eventuell gelösten Gleichungssysteme beziehungsweise der mathematischen Ergebnisse.
3. Eine Synthese der beiden—aus meiner Perspektive—prinzipiell unvereinbaren fundamentalen Teiltheorien der modernen Physik, der allgemeinen Relativitätstheorie und der Quantentheorie.
Deine Hoffnung, den theoretischen Physiker eines Tages durch Computer ersetzen zu können, beweist erneut, daß du die Physik letztlich auf Mathematik reduzieren willst, wofür du wahrscheinlich sogar von Albert Einstein eine Ohrfeige bekommen hättest!
Die erkenntnistheoretische und physikalische Interpretation des Verhältnisses von mathematischer Struktur und physikalischer Realität, was immer das sei, ist selbst kein mathematisches oder mathematisch lösbares Problem, sondern ein prinzipiell metamathematisches Thema.
Dies kann auch vom besten aller möglichen Computersysteme nicht wahrgenommen und bearbeitet werden. Die Themen und Probleme der Quantentheorie belegen eindrucksvoll, daß das menschliche Subjekt in der Physik nicht eliminierbar ist. Ich habe noch weitere Einwände gegen die erfolgreiche Abschließbarkeit deines Projekts. Daniel—möchtest du sie hören?«
»Nur zu, mein Freund! Wenn du schon gerade dabei bist, schieße deine restlichen Giftpfeile auch noch ab! Ich bin Angriffe gewohnt,« antwortete Albertson und lachte.
Brak lächelte verschmitzt und bewunderte die Geduld seines Freundes, einem Nicht-Physiker so lange aufmerksam zuzuhören.
»Was ich noch sagen wollte, ist dies,« fuhr er fort: »Daß sich die theoretischen Physiker seit über 70 Jahren die Zähne an den Versuchen ausgebissen haben, allgemeine Relativitäts- und Quantentheorie zu verbinden, ohne bisher auch nur zu einer halbwegs brauchbaren Lösung gekommen zu sein, ist neben den

brauchbaren Lösung gekommen zu sein, ist neben den schon vorgetragenen Gründen ein weiterer Indizienbeweis, daß es nicht geht.

Ich halte die Versuche zur Theorie für Alles für einen Denkfehler. Entweder tauchen in den Gleichungen Unendlichkeiten auf, die sich mathematisch nicht wirklich überzeugend beseitigen lassen. Wo aber die mathematischen Probleme gelöst zu sein scheinen, wie in den String- oder Superstring-Theorien, sind keine Konzepte in Sicht, die sich durch Beobachtung überprüfen lassen.

Die Quantentheorie ist also immer noch vom Problem der Unendlichkeiten verhext, die String-Theorien gehen den Unendlichkeiten, aber auch der Beobachtbarkeit und empirischen Überprüfung aus dem Weg.

Wenn ich die Quantentheorie einigermaßen richtig verstanden habe, gibt es dort eine Grundgröße, die gewöhnlich mit dem griechischen Buchstaben Psi (Ψ) bezeichnet wird. Psi ist das Maß für die Wahrscheinlichkeit, daß Atome oder Teilchen in einem bestimmten Zustand sind, wenn sie mit den Versuchsgeräten und dann mit dem Physiker als beobachtendem Subjekt wechselwirken.«

»Du hast bei meinen Lektionen gut aufgepaßt,« unterbrach Albertson seinen Freund mit ironischem Unterton.

»Danke, Herr Professor,« konterte Brak trocken und nahm seinen Faden wieder auf: »In der herkömmlichen Quantenmechanik kann ein System mit beliebigen Anfangsbedingungen beginnen, und dann können Messungen durchgeführt werden.

Bei der Anwendung dieser Theorie auf das ganze Universum, also in deiner Quantenkosmologie, bleibt aber doch völlig unklar, was es bedeutet zu sagen, es gäbe einen für das Universum gültigen Ausdruck für Psi—die von dir und deinen Kollegen gesuchte Wellenfunktion des Universums. Da wir nicht wissen können, was

damit gemeint ist, daß ein Experiment am ganzen Weltall durchgeführt wird, verstehen wir die entsprechende Wahrscheinlichkeitsinterpretation nicht, wenn es überhaupt eine geben kann.
Wir können ja das Universum nicht mit einem bestimmten experimentellen Anfangszustand beginnen lassen, und wir können an dieser Stelle keine Messungen vornehmen. Aber nur im Kontext von Experimenten und Beobachtungen sind quantentheoretische Aussagen sinnvoll—oder habe ich da was falsch verstanden?«
Brak machte eine Pause und trank Tee. Albertson schwieg.
Nach einiger Zeit des Nachdenkens sagte er:
»Du hast dich in relativ kurzer Zeit erstaunlich gut mit einigen Themen und Problemen der theoretischen Physik und Kosmologie vertraut gemacht, Paul, und meine Bücher wirklich aufmerksam gelesen. Darin habe ich immer wieder zugegeben, daß wir noch nicht genau wissen, wie eine korrekte Theorie der Quantengravitation aussehen müßte. Ich dachte einige Zeit, daß der wohl beste Kandidat die Superstringtheorie sein könnte, da von ihr die Vorhersage der Werte aller Größen zu erwarten ist, die von unseren gegenwärtigen Theorien nicht bestimmt werden—wie etwa die elektrische Ladung eines Teilchens.«
»Aber wie du selbst gesagt hast, siehst du für empirische und experimentelle Bestätigungen dieser Theorie eher schwarz!« warf Brak ein.
Albertson seufzte: »In meinem Buch DAS UNIVERSUM IN DER NUSSSCHALE habe ich versucht, die Stingtheorie zu modifizieren und eine *Bran*-Theorie entworfen. In meiner Branwelt geht es um eine vierdimensionale Fläche in einer hoherdimensionalen Raumzeit. Dabei ist eine 1-Bran ein String, eine 2-Bran eine Membran, eine 3-Bran hat drei ausgedehnte Dimensionen und eine p-Bran hat p Dimensionen. Außerdem berücksichtige ich angemessen die Existenz der dunklen Materie.«

»Dieses hübsche Designerprodukt habe ich aufmerksam gelesen, Daniel. Durch viele schöne Fotos und Skizzen wird verschleiert, daß du im Grunde nicht einen Millimeter näher an dein ersehntes Ziel, die Vereinigung von allgemeiner Relativitätstheorie und Quantentheorie, herangekommen bist. Am Ende deines Buches wandelst du ein Shakespeare-Zitat ab: ›Schöne neue Branwelt, die solche Bürger trägt!‹ Wie wäre es, wenn du deine enorme Kreativität nicht länger mathematisch, sondern dichtend entfalten würdest?«

»Sei nicht immer so negativ, mein Freund. An irgendetwas muß der Mensch doch glauben in seinem Leben!«

»Ich sage dir, was ich glaube, Daniel: In einem Dichterwettstreit zwischen Shakespeare und Goethe würde Goethe den Sieg davontragen! Außerdem glaube ich, daß es morgen schönes Wetter geben und daß sich der globalisierte Weltkapitalismus bald selbst zerstört haben wird,« sagte Paul und lachte laut.

»Wie kommst du denn auf diese Idee?«

»Ich habe den Wetterbericht gehört,« antwortete Brak und lachte noch lauter.

»Nicht doch, du Quatschkopf! Ich meine die Prognose bezüglich des Weltkapitalismus!«

»In dem Augenblick, wo die Seerose die gesamte Teichoberfläche besetzt hat, beginnt ihr Untergang.«

»Bist du etwa so naiv anzunehmen, daß man botanische Systemphänomene auf ökonomische übertragen darf?« fragte Albertson.

»Ich bin viel naiver, als du dir vorstellen kannst, mein Lieber. Aber du hättest dich nicht so viel mit Mikro- und Makrokosmos—und stattdessen mehr mit dem Mesokosmos—beschäftigen sollen! Systemtheorie (Humberto R. Maturana, Ervin Laszlo) und Chaosforschung (Ilya Prigogine) haben grundlegende Einsichten in die Prozeße thermodynamischer und lebendiger Systeme gewonnen, die sich mit Hilfe der fraktalen Geometrie

die sich mit Hilfe der fraktalen Geometrie mathematisch darstellen und mit Hilfe von Computerprogrammen in schönen Bildern visualisieren lassen—Erkenntnisse, die sich sehr wohl auf suborganische, biologische, psychische, soziale, kulturelle und ökonomische Systeme übertragen lassen, ohne deren Unterschiede zu verwischen und in einen neuen Reduktionismus abzugleiten.«
»Gut, Paul, wir lassen das erst einmal auf sich beruhen und schließen eine Wette ab: Wie lange gibst du dem Weltkapitalismus noch? Ich gebe ihm 40 Jahre!«
»Nach meinen transzendentalkosmologischen Hochrechnungen gebe ich ihm noch 30 Jahre, 3 Tage, 3 Minuten und 3,3 Sekunden,« sagte Brak mit ernster Miene.
Albertson lachte laut:
»Gut, die Wette gilt! Was bekommt der Gewinner?«
»Eine freie Eintrittskarte für ein großes Musikfest, bei der alle unsere Sängerinnen und Sänger auftreten, die wir besonders gerne hören und auf der alle unsere Lieblingsbands spielen.«
»Gute Idee, Paul. Aber ich glaube, du hast noch ein paar Giftpfeile im Köcher, stimmt's? Außerdem befinden wir uns noch in einem armseligen Zustand—was die Deutung meiner Träume angeht.«
»Was denkst du, mein Freund: Hatte dein berühmter Kollege Max Planck recht, als er sagte: ›Wissenschaft bedeutet rastloses Bemühen und ständig fortschreitende Entwicklung auf ein Ziel hin, das die poetische Intuition verstehen mag, das jedoch der Intellekt niemals völlig erfassen kann‹?«
»Nein!« entgegnete Albertson brummig, »Planck starb 1947.«
»Dieser Einwand ist zu dürftig, Daniel. Wir sind ja beide Schachspieler: Angenommen, dir wären die Regeln dieses Spiels nicht bekannt. Dann könntest du sie aber durch Beobachten einer Partie herleiten. Entsprechend findet ihr Physiker in der natürlichen Welt Muster und Strukturen und lernt durch Erfahrung, welche

Kräfte und Transformationen wirksam sind. Beim Schach stellt aber die Regelkenntnis nur eine triviale Vorbedingung für die Entwicklung vom Anfänger zum Meister dar. Das Wesentliche und Entscheidende dieses Spiels liegt in der Erforschung der Komplexität, die in wenigen täuschend einfachen Regeln liegt. Wenn ihr die gesuchte Theorie für Alles gefunden hättet, würde das nicht mehr, wahrscheinlich sogar viel weniger bedeuten, als daß ihr den Status eines Anfängers im Schachspiel hättet, der gerade sein Buch mit den Regeln öffnet. Nicht einmal der größte Experte ist aufgrund der Kenntnis aller Schachregeln und bisher gespielten Partien in der Lage, das Ergebnis auch nur eines einzigen Spiels vorherzusagen, von den einzelnen Zügen ganz zu schweigen.
Musikalisch formuliert: Obgleich in einem Orchester die Noten vorgegeben sind, kann sich beim Spiel eine enorme Kreativität entfalten, die in keiner Weise vorherbestimmt ist.«
Brak schwieg und sah, daß der Kopf seines Freundes seitlich auf der Brust lag—er war eingeschlafen.
Brak schmunzelte und trank einen Schluck Tee, der inzwischen kalt geworden war. Auch ihn hatte das lange Gespräch ermüdet.
Er schaute aus dem Fenster und beobachtete zwei Spatzen im Garten, die sich um einen kleinen Nahrungsbrocken stritten. Plötzlich kam ihm eine Idee zum zweiten Traum seines Freundes: Hatte dort nicht der Zwerg mehrmals einen Stein aus seiner Faust auf den Boden fallen lassen? Ein Stein? Faust?
Brak schlug sich mit der Hand an die Stirn: Sang dieser Zwerg nicht keifend dieses kleine Lied dazu? ›Die Welt, die Welt, was sie wohl zusammenhält? 's ist nicht das Geld, 's ist nicht das Geld, das die Welt zusammenhält.‹
›Na klar,‹ dachte Brak, ›so passen die Elemente dieser Szene zusammen!‹ Er dachte über die Träume seines Freundes nach, bis dieser nach einer halben Stunde aufwachte und fragte:

»Was hast du gerade gesagt, Paul?«

»Nichts,« antwortete dieser lächelnd, »gar nichts habe ich gesagt—was unserem Thema ja auch angemessen ist. Du hast ein wenig geschlafen.«

»Entschuldige bitte, Paul—wie spät ist es eigentlich?«

»In der sogenannten realen Zeit ist es kurz vor 18 Uhr. In der imaginären Zeit spielt es keine Rolle und in der Branwelt gibt es überhaupt keine Zeit,« antwortete Brak verschmitzt lächelnd.

»Quatschkopf!,« sagte Albertson trocken.

»Diese Bezeichnung liebe ich, mein Freund. Bevor du aufgewacht bist, ist mir übrigens noch etwas zu deinen Träumen eingefallen. Erinnerst du dich noch an den Zwergen-Traum?«

Albertson war mit einem Schlage hellwach: »Na klar! Dieser Giftzwerg ließ wiederholt einen Stein aus seiner Faust fallen und sang provozierend ein Lied dazu.«

»Was hältst du von meinem Deutungsversuch: Ein Stein fällt aus der Faust—*Einstein* fällt, und *Faust* ist Johann Wolfgang Goethes Tragödie FAUST.«

»Wie kommst du denn auf diese Idee, Paul? Ich verstehe das nicht!«

»Erinnere dich an das Lied des Zwerges und seine Frage: ›Die Welt, die Welt, was sie wohl zusammenhält?‹ In seiner Tragödie läßt Goethe seinen Faust gleich bei seinem ersten Auftritt im engen gotischen Zimmer die resignative Einsicht sagen:

>›Habe nun, ach! Philosophie
>Juristerei und Medizin
>Und leider auch Theologie
>Durchaus studiert, mit heißem Bemühn.
>Da steh‹ ich nun, ich armer Tor,
>Und bin so klug als wie zuvor!

Heiße Magister, heiße Doktor gar,
Und ziehe schon an die zehen Jahr
Herauf, herab und quer und krumm
Meine Schüler an der Nase herum—
Und sehe, daß wir nichts wissen können!
Das will mir schier das Herz verbrennen.‹«

»Deine Rezitationskunst in allen Ehren, mein Freund. Aber was dieses Zitat mit meinem Traum zu tun haben soll, habe ich nicht verstanden.«

»Vom wissenschaftlichen Weg und seinen Möglichkeiten enttäuscht, bar jeder Lebensfreude und ohne Hoffnung auf pädagogische Wirkungsmöglichkeiten, verarmt und gesellschaftlich bedeutungslos, wendet sich Faust der Magie zu und hofft, auf diesem Wege zu erkennen, was die Welt im Innersten zusammenhält. Einstein hat mit seinen Versuchen zur einheitlichen Feldtheorie das gleiche ehrgeizige Ziel wie Faust verfolgt—er wollte allerdings auf naturwissenschaftlich-physikalischem Wege wissen, was die Welt im Innersten zusammenhält—genau wie du, Daniel!«

»Schön und gut, aber was bedeutet nun diese ganze Traum-Szene?«

»Ich denke, daß Goethe seinen Faust eine prinzipielle Einsicht formulieren läßt, daß nämlich der wissenschaftliche Weg bei dem Versuch, das Ganze, Wesen und Sinn des Ganzen zu erkennen, an eine unüberschreitbare Grenze stößt.«

»Das ist doch Unsinn!« erwiderte Albertson gereizt, »der geschichtliche Faust lebte in der Mitte des 16. Jahrhunderts, und Goethe hat noch am Anfang des 19. Jahrhunderts an dieser Dichtung gearbeitet. Wir sind aber erst im 20. Jahrhundert aufgrund des Entwicklungsstandes der modernen Physik in theoretischer und experimenteller Hinsicht in der Lage, dieses Projekt ernsthaft

und mit Aussicht auf einen erfolgreichen Abschluß in Angriff nehmen zu können. Sowohl der historische als auch Goethes poetischer Faust mußten als Geisteswissenschaftler ihrer Zeit zwangsläufig scheitern.
Und Einstein kam nicht zum Ziel, weil er noch nicht alle Naturkräfte kannte und die Quantentheorie aus weltanschaulichen Gründen abgelehnt hatte.«
»Da widerspreche ich dir energisch, mein Freund! Ich habe während unserer Gespräche immer wieder erkenntnistheoretische und methodologische Einwände vorgetragen, die gegen die Möglichkeit eines erfolgreichen Abschlusses deiner Weltformel-Suche sprechen.
Goethe war intuitiv bereits weiter als Einstein und du! Deine Versuche und die deiner Kollegen, die Theorie für Alles als Quantengravitations-Kosmologie zu finden, ähneln aus mehreren Gründen den Versuchen zur Quadratur des Kreises und sind nicht verrückt genug, um wahr zu sein—wie ich in Anlehnung an Niels Bohr noch einmal betonen möchte.«
Brak lachte und zwinkerte mit dem rechten Auge. Seinem Freund war nicht zum Lachen zumute. »Ich habe die Schwierigkeiten meines Forschungsprojektes nie geleugnet. Vielleicht spiegeln die Träume ja nur meine gegenwärtige Durststrecke wieder. Wer sagt denn, daß sie auf ein endgültiges Scheitern meines Vorhabens hindeuten?
Im übrigen, selbst wenn ich nicht mehr zum Ziele käme— vielleicht schaffen es ja meine jüngeren Kollegen!«
»Vielleicht, Daniel, vielleicht auch nicht. Seit über sechzig Jahren verkünden bestimmte Physiker, daß das Ende ihrer Wissenschaft hinter der nächsten Ecke wartet, und wenn man dann nachfragt, erklären sie, daß man in etwa 20 Jahren um diese Ecke gebogen sein wird—und das, *wann immer* man ihnen diese Frage stellt!

Und was die Versuche deiner jüngeren Kollegen angeht, so sind mir deren quantengeometrischen Modelle durchaus bekannt. Aber sie erzeugen das Gegenteil von dem, wonach letztlich gesucht wird: Die komplizierten mathematischen Probleme werden immer komplizierter und die Grenzen der empirischen Überprüfbarkeit sind erreicht. Ich denke nur die Versuche zur sogenannten ›Schleifen-Quantengravitationstheorie‹ von Abhay Ashtekar, Lee Smolin, Carlo Rovelli, Jerzy Lewandowski, Martin Bojowald und Thomas Thiemann.

Dabei hatte schon Albert Einstein trefflich formuliert: ›Ich glaube, um wirkliche Fortschritte zu erzielen, muß man immer wieder einem allgemeinen Prinzip der Natur auf die Spur kommen.‹

Marcel Proust hat einmal gesagt, daß man die besten Entdeckungsreisen nicht in fremde Länder macht, sondern indem man die Welt mit neuen Augen betrachtet!«

»Ich vermute schon seit einiger Zeit, daß du mehr weißt als du sagst, Paul.« »Das ist bei allen Menschen so, mein Freund!«

»Nein, so billig kommst du mir nicht davon! Hast du nicht vor einiger Zeit behauptet, du wüßtest, was der Grund von Allem ist?«

»Ja, das habe ich behauptet! Das Problem dabei ist leider nur, daß ich es nicht *sagen* kann.«

»Das ist eine feige Ausrede, Paul, und die typische philosophische Geheimnistuerei, bei der die Grenzen zwischen Tief- und Schwach-Sinn verschwimmen!« Albertson freute sich über seine Revanche dafür, daß Brak ihm mehrfach Grenzverwischungen zwischen Science und Science fiction vorgeworfen hatte.

Aber Brak ließ sich nicht provozieren und konterte gelassen: »Mein Freund! Glaubst du etwa, daß ich unter dem Niveau von Wittgensteins sprachphilosophischen Einsichten bleibe? Der Sinn des Ganzen *zeigt* sich—da verschlägt es einem die Sprache! Wie sagte er einmal so trefflich: ›Es scheint mir also, ich habe etwas

schon die ganze Zeit gewußt, und doch habe es keinen Sinn, dies zu sagen, diese Wahrheit auszusprechen.‹
Oder wirst du, wenn du hungrig bist, davon satt, daß du anstelle des Menüs die Speisekarte ißt?«
Albertson lachte, und Brak fuhr fort, »Ich schlage vor, daß du deine Maxime *Denke imaginär!* ergänzt und auch einmal die Maxime *Werde phänomenologisch!* ausprobierst.«
»Das verstehe ich nicht!«
»Goethe hat einmal geschrieben, daß der Mensch an sich selbst der größte und genaueste physikalische Apparat sei, den es geben kann, und daß eben dies das größte Unheil der neueren Physik sei, daß man die Experimente gleichsam vom Menschen abgesondert habe und bloß in dem, was künstliche Instrumente zeigen, die Natur erkennen wolle.
Phänomenologie ist eine bestimmte Haltung und philosophische Methode, die von Edmund Husserl und Martin Heidegger entwickelt wurde: ›Es liegt aber gerade im Wesen der Philosophie, sofern sie auf die letzten Ursprünge zurückgeht, daß ihre wissenschaftliche Arbeit sich in Sphären direkter Intuition bewegt, und es ist der größte Schritt, den unsere Zeit zu machen hat, zu erkennen, daß mit der im rechten Sinne philosophischen Intuition, der *phänomenologischen Wesenserfassung*, ein endloses Arbeitsfeld sich auftut und eine Wissenschaft, die ohne alle indirekt symbolisierenden und mathematisierenden Methoden, ohne den Apparat der Schlüsse und Beweise, doch eine Fülle strengster und für *alle* weitere Philosophie entscheidender Erkenntnisse gewinnt.‹ (Edmund Husserl)
Und Martin Heidegger definierte die Phänomenologie einmal als ›Das was sich zeigt, so wie es sich von ihm selbst her zeigt, von ihm selbst her sehen lassen [...] So kommt aber nichts anderes zum Ausdruck als die oben formulierte Maxime: Zu den Sachen

selbst«. Deine bisherigen Methoden führen in Sackgassen, wie ich schon dargestellt habe:
1. Die deduktiv-axiomatische Methode der Mathematik erzeugt aus sich heraus eine Grenze der Gewißheit und Beweisbarkeit.
2. Die induktiv-empirische Methode der Beobachtungen und Experimente stößt in mikro- und makrokosmischen Bereichen an Grenzen oder in eine unendliche Leere.
Die Verbindung von zwei Sackgassen innerhalb der theoretischen Physik und Kosmologie ergibt keinen Ausweg, denn minus + minus = minus, stimmt's?«
»Dann sage mir bitte, was du vorschlägst!« sagte Albertson ungeduldig. »Könntest du dir vorstellen, einmal zehn Minuten in den nächtlichen Sternenhimmel zu schauen—ohne zu denken?«
»Wahrscheinlich nicht, weil mir dann sofort wieder neue mathematische Modelle und Gleichungen einfallen,« antwortete Albertson.
»Löst die offene Weite und Schönheit des nächtlichen Himmels in dir nichts anderes aus, Daniel?«
»Ich werde es einmal ausprobieren,« sagte Albertson.
»Du kannst dich auch am Tage einmal zehn Minuten vor deine Lieblingsblume setzen und sie aufmerksam wahrnehmen. Wenn ich richtig gelesen habe, waren deine Kollegen Paul Dirac, Erwin Schrödinger und Werner Heisenberg von der Schönheit und Harmonie in der Natur und in der Mathematik fasziniert und hielten sie geradezu für ein Wahrheitskriterium, wenn man innerhalb der Mathematik überhaupt von Wahrheit sprechen kann. Dirac schrieb 1977: ›Von allen Physikern, die ich kennengelernt habe, war wohl Schrödinger derjenige, der mir am ähnlichsten war. Mit ihm erreichte ich leichter einen Konsens als mit allen anderen. Ich glaube, der Grund dafür ist, daß wir beide die mathematische Schönheit zu würdigen wußten. [...] Es war eine Art Glau-

bensgrundsatz von uns beiden, daß jede Gleichung, die ein grundlegendes Naturgesetz beschreibt, von tiefer mathematischer Schönheit sein muß.‹

Und Werner Heisenberg sagte in seinem Vortrag DIE BEDEUTUNG DES SCHÖNEN IN DER EXAKTEN NATURWISSENSCHAFT: ›Die Bedeutung des Schönen für das Auffinden des Wahren ist zu allen Zeiten erkannt und hervorgehoben worden. [...] *Das Einfache ist das Siegel des Wahren* steht in großen Lettern im Physikhörsaal der Universität Göttingen als Mahnung für jene, die Neues entdecken wollen, und der andere lateinische Leitsatz: *pulchritudo splendor veritatis, die Schönheit ist der Glanz der Wahrheit,* kann auch so gedeutet werden, daß der Forscher die Wahrheit zuerst an diesem Glanz, in ihrem Hervorleuchten erkennt.‹

Allerdings ist die Schönheit und Harmonie der Mathematik nur relativ, weil sich jede Form der Mathematik als begrenzt erwiesen hat, wie dein Kollege David Bohm zu recht festgestellt hat. Ein humorvoller Mathematiker, dessen Name mir im Moment nicht einfällt—Gödel war es jedenfalls nicht—, hat dazu einmal sinngemäß gesagt, daß Gott existiert, weil die Mathematik widerspruchsfrei sei, und der Teufel existiere, weil wir es nicht beweisen könnten. Und bevor wir jetzt anfangen, über den Begriff der Schönheit zu streiten, nenne ich dir zwei Definitionen aus der Antike und hoffe, daß du wenigstens eine davon akzeptierst. ›Schönheit ist, erstens, die richtige Übereinstimmung der Teile miteinander und mit dem Ganzen. Und, zweitens, das Durchleuchten des ewigen Glanzes des ›Einen‹ durch die materielle Erscheinung.‹ (Plotin)«

»Das viele Reden macht mich allmählich müde, Paul. Können wir zum Abschluß unseres heutigen Gesprächs nicht noch etwas Sinnvolles tun?«

»Aber ja doch! Was hältst du von einer Partie Schach?«

»Ja, sehr gerne, mein Freund.«

Während der Butler das Brett und die Figuren holte, zeigte Brak seinem Freund den Zettel mit seiner Weltformel:

$$0 \cong \infty.$$

Albertson lachte laut: »Das ist vielleicht gar nicht so dumm, wie es aussieht, Paul!«
»Also wenigstens genügt meine Formel einem gewissen Schönheitsideal,« sagte Brak und lachte ebenfalls, »du solltest diese Formel einmal deinem Computer eingeben und ihn ein paar Jahre rechnen lassen—da kommt bestimmt ein interessantes Ergebnis heraus! Diese Formel ist übrigens der angemessene mathematische Ausdruck für meine Hypothese: *Das Universum ist eine sich selbst heilende Tautologie, die der Menschen, die der Menschheit bedarf.*«
Die Freunde lachten immer noch, als der Butler mit dem Schachspiel kam. Brak erhielt durch Los die weißen Figuren. Sie spielten die RIO DE JANEIRO-Variante der SPANISCHEN PARTIE. Nach einundzwanzig Zügen übersah Albertson eine Springergabel seines Freundes und geriet materiell in Nachteil. Brak baute seinen Vorteil Zug um Zug aus—nach dreiunddreißig Zügen gab Albertson auf. »Das gibt Rache!« sagte er und gratulierte Brak.
»Nichts lieber als das. Wenn es dir recht ist, kannst du morgen schon deine Revanche haben,« sagte dieser und fuhr fort: »Wie fändest du es, Daniel, wenn in Zukunft Kriege auf diesem viereckigen Feld ausgetragen würden?«
»Diese Idee ist noch besser als deine sogenannte Weltformel, Paul. Was glaubst du: Wie würde wohl eine Partie zwischen Herrn Hussein und Herrn Bush enden?«
»Wenn Herr Hussein die weißen Figuren hätte, wäre sein Gegner nach vier Zügen schachmatt!«

»So schnell? Wie soll das gehen?« fragte Albertson.
»Ganz einfach:

weiß	schwarz
e2—e4	e7—e5
Lf1—c4	Sb8—c6
Dd1—f3	a7—a6
Df3 x f7	(schäfermatt)«

Albertson und sein Butler lachten und nickten zustimmend.

»In der nächsten Woche wird am Donnerstagabend Haydns Oratorium DIE SCHÖPFUNG in Cambridge aufgeführt. Als kleines Dankeschön für unsere Gespräche, in denen ich eine Menge über deine Wissenschaft gelernt habe, möchte ich dich gerne zu diesem Konzert einladen,« sagte Brak.

»Ausgezeichnete Idee, mein Freund. Du kannst schon am Nachmittag kommen, wenn du willst. Entweder wir spielen unsere Revanche-Partie, oder wir gehen vor dem Konzert noch in ein Café—am besten ist es aber, wenn wir beides tun,« sagte Albertson. Brak nickte—und die Freunde verabschiedeten sich sehr herzlich voneinander.

AUSKLANG

Am Donnerstagnachmittag besuchte Brak seinen Freund erneut. Sie spielten zunächst ihre Revanche-Partie—und zwar die RUBINSTEIN-VARIANTE der NIMZOWITSCH-INDISCHEN VERTEIDIGUNG.
Albertson führte die weißen Steine und errang im Mittelspiel leichte positionelle Vorteile. Brak wehrte die Angriffe seines Freundes durch geschickte Verteidigungsmanöver ab, nach 44 Zügen einigten sie sich auf remis.
»Wir sollten uns in Zukunft regelmäßig treffen,« schlug Brak vor, »mich interessiert brennend, ob ihr Weltformel-Sucher dem ersehnten Ziel eures Forschungsprojekts näher kommen werdet,« wobei er verschmitzt lächelte und wieder mit dem rechten Auge zwinkerte.
»Ich halte dich gerne auf dem laufenden, Paul, und da wir uns ja nicht mehr so viel zu sagen haben, können wir ja Schachspielen, Musikhören und Tee trinken. Wie antwortete Einstein einmal auf die Frage, wie es mit dem Universum weiter gehen würde?
›Abwarten—und Tee trinken!‹«
»Es muß ja nicht unbedingt Tee sein!« sagte Brak lachend.

Sie fuhren zu einem kleinen Café, das etwas außerhalb an der Cam lag, die durch Cambridge fließt. Während Albertson Tee und Brak ein Glas Bier trank, schauten sie schweigend den Studenten zu, die auf ihren Booten vorüberstakten.

Ihre Freundschaft war in den vergangenen Wochen intensiver geworden—vielleicht auch wegen ihrer unterschiedlichen Standpunkte.

Der Nachmittag am Fluß ging langsam in den frühen Abend über, als Albertson bemerkte:

»Du bist ein seltsamer Mensch, Paul. Ich habe dir in unseren Gesprächen sehr viel von meinen physikalischen und kosmologischen Problemen erzählt. Du weißt, was mich Tag und Nacht beschäftigt und kennst meine wissenschaftstheoretische Position. Von dir habe ich außer deinen kritischen Fragen und deinen skeptischen Zweifeln, die mich sehr beschäftigen, kaum etwas erfahren.«

»Fehlt dir eine Schublade, in die du mich stecken kannst, oder ein Etikett, das du mir auf die Stirn kleben kannst?« fragte Brak.

»Ja, das wäre vielleicht hilfreich, mein Freund.«

»Das glaube ich nicht, Daniel. Aber bitte, hier ist mein Firmenschild: Ich bin ein transzendental-hermeneutisch-religiös-kosmologischer Nihilist mit dialektisch-phänomenologischen Neigungen,« sagte Brak lachend.

»Du bist eher ein verrückter Nonsense-Produzent!« erwiderte Albertson ebenfalls lachend und fuhr mit seinem Rollstuhl ruckartig zur Seite.

»Das ist das Signal zum Aufbruch,« sagte Brak, »wir müssen in die Stadt fahren, in einer Stunde beginnt unser Konzert.«

In Haydns Oratorium DIE SCHÖPFUNG wird der Versuch unternommen, musikalisch wiederzugeben, was die Kosmologen als Anfang des Universums bezeichnen. Es beginnt mit einem Chor von Engeln, die in geheimnisvollem Gesang die Worte der Genesis ›Und Gott sprach: Es werde Licht‹ rezitieren. Chor und Orchester explodieren an der Stelle, wo es heißt: ›Und es ward Licht‹, in einem flammenden C-Dur-Akkord.

Brak fragte seinen Freund nach dem Konzert: »Gibt es eine angemessenere und eindrucksvollere Darstellung der Welt als dieses Oratorium?«

Albertson schwieg lange.

Die Stille unterbrechend, sagte Brak nach einiger Zeit: »Albert Einstein hat einmal gesagt: ›Am Anfang gehören alle Gedanken der Liebe. Später gehört alle Liebe den Gedanken.‹ Ich füge hinzu: Am Ende gehören wieder alle Gedanken der Liebe!«

Daniel Albertson schaute seinen Freund lange an und sagte—

nichts.

LITERATUR

Anders, G.: Ketzereien, München 1991

Barnett, L.: Einstein und das Universum, Frankfurt/M. 1955

Barrow, J.D.: Theorien für Alles.
Die philosophischen Ansätze der modernen Physik,
Heidelberg/Berlin/New York 1992

Ders.: Warum die Welt mathematisch ist, Frankfurt/M. 1993

Bateson, G.: Geist und Natur. Eine notwendige Einheit,
Frankfurt/M. 1987

Bohm, D./Peat, F.D.: Das neue Weltbild.
Naturwissenschaft, Ordnung und Kreativität, München 1990

Boslough, J.: Jenseits des Ereignishorizonts.
Stephen Hawkings Universum, Reinbek bei Hamburg 1985

Breuer, R. (Hrsg.), Immer Ärger mit dem Urknall.
Das kosmologische Standardmodell in der Krise,
Reinbek bei Hamburg 1993

Broglie, L. de: Licht und Materie, Frankfurt/M. 1958

Capra, F.: Verborgene Zusammenhänge,
Bern/München/Wien 2002

Coleman, J.A.: Relativitätslehre für jedermann, Stuttgart 1970

Davies, P.: Prinzip Chaos. Die neue Ordnung des Kosmos,
München 1990

Davies, P./Brown, J.R. (Hrsg.), Superstrings.
Eine Allumfassende Theorie der Natur in der Diskussion,
München 1996

Dreher, E.: Der Traum als Erlebnis, München 1981

dtv-Atlas zur Physik. Tafeln und Texte,
Bd. 1: München 1987,
Bd. 2: München 1988

Dürr, H.-P.: Das Netz des Physikers.
Naturwissenschaftliche Erkenntnis in der Verantwortung,
München 1990

Eigen, M./Winkler, R.: Das Spiel.
Naturgesetze steuern den Zufall, München 1987

Einstein, A.:
Über die spezielle und die allgemeine Relativitätstheorie,
Braunschweig/Wiesbaden 1988

Ders.: Mein Weltbild, Frankfurt/M./Berlin/Wien 1981

Ders.: Briefe, Zürich 1981

Falk, W.: Hawking irrt! Über das Problem der Zeit, Stuttgart 1991

Ferguson, K.: Das Universum des Stephen Hawking,
Düsseldorf 1992

Fraser, J.T.: Die Zeit.
Auf den Spuren eines vertrauten und doch fremden Phänomens, München 1991

Freud, S.: Die Traumdeutung.
Studienausgabe Bd. II, Frankfurt/M. 1989

Ders.: Vorlesungen zur Einführung in die Psychoanalyse.
Und Neue Folge, Studienausgabe Bd. I, Frankfurt/M. 1989

Fromm, E.: Märchen, Mythen, Träume.
Eine vergessene Sprache, Stuttgart 1980

Fromm, E./Suzuki, D.T./de Martino, R.:
Zen-Buddhismus und Psychoanalyse, Frankfurt/M. 1981

Genz, H.: Die Entdeckung des Nichts.
Leere und Fülle im Universum, München 1994

Gribbin, J.: Auf der Suche nach Schrödingers Katze.
Quantenphysik und Wirklichkeit, München 1987

Gribbin, J./Rees, M.: Ein Universum nach Maß.
Bedingungen unserer Existenz, Frankfurt/M. 1994

Görnitz, Th.: Quanten sind anders.
Die verborgene Einheit der Welt, Heidelberg/Berlin 1999

Goethe, J.W.: Faust. Eine Tragödie, Frankfurt/M. 1981

Ders.: Maximen und Reflexionen, Frankfurt/M. 1976

Ders.: Anschauendes Denken
(Goethes Schriften zur Naturwissenschaft in einer Auswahl, hrsg. von Horst Günther), Frankfurt/M. 1981

Große Physiker
(Spektrum der Wissenschaft. Dossier, Heft 5/2004, Heidelberg)

Grotelüschen, F.: Der Klang der Superstrings.
Einführung in die Natur der Elementarteilchen, München 1999

Guerrerio, G.: Kurt Gödel.
Logische Paradoxien und mathematische Wahrheit,
Heidelberg 2002 (Spektrum der Wissenschaft, Biografie)

Hawking, S.: Ist das Ende der theoretischen Physik in Sicht?
Eine Antrittsvorlesung,
in: Boslough, J.: Jenseits des Ereignishorizonts.
Stephen Hawkings Universum, a.a.O., S. 129—150

Hawking, S.: Eine kurze Geschichte der Zeit.
Die Suche nach der Urkraft des Universums,
Reinbek bei Hamburg 1991

Ders. (Hrsg.): Stephen Hawkings kurze Geschichte der Zeit.
Ein Wissenschaftler und sein Werk, Reinbek bei Hamburg 1992

Ders.: Einsteins Traum. Expeditionen an die Grenzen der Raumzeit, Reinbek bei Hamburg 1993

Ders.: Das Universum in der Nußschale,
Hoffmann und Campe, o.J.

Hawking, S./Penrose, R.: Raum und Zeit,
Reinbek bei Hamburg 1998

Hegel, G.F.W.: Wissenschaft der Logik I. Die Lehre vom Sein,
Hamburg 1990

Heidegger, M.: Was ist Metaphysik? Frankfurt/M. 1965

Ders.: Vorträge und Aufsätze (Teil II), Pfullingen 1967
Ders.: Sein und Zeit, Tübingen 1972

Heisenberg, W.: Der Teil und das Ganze.
Gespräche im Umkreis der Atomphysik, München 1969

Ders.: Quantentheorie und Philosophie, Stuttgart 1979

Hirschberger, J.: Geschichte der Philosophie, Bd. I
(Altertum und Mittelalter), Basel/Freiburg/Wien 1965
Hisamatsu, H.S.: Die Fülle des Nichts. Vom Wesen des Zen,
Pfullingen 1980

Holl, H.G.: Die Irrtümer des Stephen Hawking,
in: Basler Magazin, Nr.1/1989, S. 6 f.

Husserl, E.: Arbeit an den Phänomenen. Ausgewählte Schriften
(hrsg. von B. Waldenfels), Frankfurt/M. 1993

Jäger, W.: Die Welle ist das Meer. Mystische Spiritualität,
Freiburg im Breisgau 2000

Jantsch, E.: Die Selbstorganisation des Universums.
Vom Urknall zum menschlichen Geist, München/Wien 1979

Jenseits von Raum und Zeit. Naturgesetze.
Was die Welt zusammenhält
(bild der wissenschaft, Heft 12/2003, Leinfelden-Echterdingen)

Jung, C.G.: Welt der Psyche, München 1978

Kanitscheider, B.: Im Innern der Natur. Philosophie und moderne
Physik, Darmstadt 1996

Kant, I.: Die drei Kritiken, Stuttgart 1969

Karb, W.: Albertsons Traum oder der Mythos von der Weltformel.

Aus dem Nacht-Leben eines Genies, Berlin 2000

Kenny, A.: Thomas von Aquin, Freiburg im Breisgau o.J.

Klein, E.: Gespräche mit der Sphinx, Stuttgart 1993

Krishnamurti, J.: Fragen und Antworten und sein Gespräch mit Prof. David Bohm über das Erwachen der Intelligenz, München 1985

Laszlo, E.: Kosmische Kreativität, Frankfurt/M./Leipzig 1997

Ders.: Systemtheorie als Weltanschauung.
Eine ganzheitliche Vision für unsere Zeit, München 1998

Lichtenberg, J.D./Lachmann, F.M./Fosshage, J.L.: Das Selbst und die motivationalen Systeme, Frankfurt/M. 2000

Lindley, D.: Das Ende der Physik.
Vom Mythos der großen Vereinheitlichten Theorie, Frankfurt/M./Leipzig 1997

Luhmann, N. u.a.: Beobachter.
Konvergenz der Erkenntnistheorien? München 1990

Lyre, H.: Quantentheorie der Information, Wien/New York 1998

Maturana, H.R./Varela, F.J.: Der Baum der Erkenntnis.
Die biologischen Wurzeln des menschlichen Erkennens, Bern/München/Wien 1987

Maturana, H.R./Verden-Zöller, G.: Liebe und Spiel.
Die vergessenen Grundlagen des Menschseins, Heidelberg 1994

Meister Eckehart: Vom Wunder der Seele, Stuttgart 1977

Morgenstern, C.: Alle Galgenlieder, Frankfurt/M. 1972

Neffe, J.: Einstein. Eine Biographie, Reinbek bei Hamburg 2005

Nietzsche, F.: Also sprach Zarathustra
(Sämtliche Werke. Kritische Studienausgabe, Bd. 4,
hrsg. von Colli,G./Montinari, M.), München/Berlin 1980

Ders.: Nachgelassene Fragmente 1885-1887 (a.a.O., Bd. 12)

Nishitani, K.: Was ist Religion? Frankfurt/M. 1986

Noerretranders, T.: Spüre die Welt.
Die Wissenschaft des Bewußtseins, Reinbek bei Hamburg 1994

Ohashi, R. (Hrsg.): Die Philosophie der Kyôto-Schule.
Texte und Einführung, Freiburg/München 1990

Platon: Sämtliche Werke. Erster Band, Köln/Olten 1969

Popper, K.R.: Logik der Forschung, Tübingen 1971

Prigogine, I.: Vom Sein zum Werden.
Zeit und Komplexität in den Naturwissenschaften,
München/Zürich 1992

Ders.: Die Gesetze des Chaos, Frankfurt/M. 1995

Ravn, I. (Hrsg.): Chaos, Quarks und schwarze Löcher.
Das ABC der neuen Wissenschaften, München 1995

Rowan-Robinson, M.: Das Flüstern des Urknalls.
Die verschlüsselten Botschaften vom Anfang des Universums,
Frankfurt/M./Leipzig 1997

Russell, B.: Das ABC der Relativitätstheorie, Frankfurt/M. 1989

Schrödinger, E.: Was ist Leben? München 1989

Schrödter, H.: Metaphysik des Ichs als *res cogitans*.

Ideen und Gott, Frankfurt/M. 2001

Schwinger, J.: Einsteins Erbe. Die Einheit von Raum und Zeit, Heidelberg 1987

Stern, D.: Now-moments, implizites Wissen und Vitalitätskonturen als neue Basis für psychotherapeutische Modellbildungen, in: Trautmann-Voigt, S./Voigt, B. (Hrsg.): Bewegung ins Unbewußte, Frankfurt/M. 1998

Stiller, N.: Albert Einstein, Ravensburg 1990

Thorne, K.S.: Gekrümmter Raum und verbogene Zeit. Einsteins Vermächtnis, München 1994

Weisskopf, V.: Die Jahrhundert-Entdeckung: Quantentheorie,

Frankfurt/M. 1992

Weizsäcker, C.F.v.: Die Geschichte der Natur, Göttingen 1970

Ders.: Der Garten des Menschlichen. Beiträge zur geschichtlichen Anthropologie, München/Wien 1977

Ders.: Die Einheit der Natur, München 1984

Ders.: Aufbau der Physik, München 1988

Ders.: Zeit und Wissen, München/Wien 1992

Ders.: Große Physiker. Von Aristoteles bis Werner Heisenberg, München/Wien 1999

Whitehead, A.N.: Prozeß und Realität. Entwurf einer Kosmologie, Frankfurt/M. 1979

Wittgenstein, L.: Tractatus logico-philosophicus. Logisch-philosophische Abhandlung, Frankfurt/M. 1969

Ders.: Über Gewißheit, Frankfurt/M. 1970
Wolf, F.A.: Der Quantensprung ist keine Hexerei,
Frankfurt/M. 1989

Ziegelmann, H.: Was ist wirklich?
Albert Einstein—Leben und Werk, Tübingen 1988

Zimmermann, M.: Wahrheit und Wissen in der Mathematik.
Das Benacerraf'sche Dilemma, Berlin 1995

Zukav, G.: Die tanzenden Wu-Li-Meister.
Der östliche Pfad zum Verständnis der modernen Physik:
Vom Quantensprung zum Schwarzen Loch,
Reinbek bei Hamburg 1981

Bitte beachten Sie auch die folgenden Seiten:

WILD DUCK

Prof. Dr. Gunter Dueck: Wild Duck.
Empirische Philosophie der Mensch-Maschine-Vernetzung.
584 Seiten, 14 × 19 cm, Mai 2005.
ISBN 3-938204-88-5 € 14,00

»Aber eine gewisse Langlebigkeit ist einem Sachbuch, das wie Gunter Duecks *Wild Duck* fünf Buchmessen überdauerte und jetzt als Taschenbuch erschien, schon zu bescheinigen.« *(Wirtschaftswoche)*

Ein Kultbuch! Wild Duck (amerikanisch soviel wie Querdenker) ist das erste Werk des inzwischen als Kultautor gefeierten Management-Gurus Gunter Dueck. Provozierend, ironisch und atemberaubend quer denkend entführt er uns mit einer wahnwitzig klingenden These in neue Erfahrungswelten: »Wenn die Computer alles über uns wüßten und noch ein wenig intelligenter wären als heute - ja, dann würden sie erzwingen, daß uns Arbeit Spaß macht, weil sie nämlich errechnen können, daß ein guter Mensch mit guter Arbeit am meisten Gewinn für den Arbeitgeber erbringt.«

Gunter Dueck, Jahrgang 1951, studierte ursprünglich Mathemaik und Wirtschaft und war einige Jahre Professor für Mathematik an der Universität Bielefeld, bevor er zum Wissenschaftlichen Zentrum der IBM wechselte. Bei IBM ist Gunter Dueck Cheftechnologe und Stratege. Sein erster Roman, Ankhaba, erscheint im Oktober 2005.

ÆSTHETIK DER SEELE

Prof. Dr. Gunter Dueck:
Æstehtik der Seele. Versuch über Fotografie.
58 Seiten, 22 × 28 cm mit 18 ganzseitigen Duotone Portraits
von Alexander Basta, Oktober 2005,
ISBN 3-938204-04-4 € 58,00

Dueck in Bestform! Fast aus dem Stegreif formulierte Gunter Dueck anläßlich einer Ausstellung seine ebenso brillante wie verblüffende Alpha-Alpha-Theorie. Warum sind wir oft so berührt von den Gesichtern anderer Menschen? Was lesen wir darin, was ahnen wir dahinter? Gibt es gar ein verborgenes Alphabet der unsichtbaren Seele, das wir zu deuten vermögen? Gunter Dueck widmet sich den urmenschlichen Fragen nach Schönheit und Lebensglück und schlägt uns eine erstaunliche Antwort vor, die unser Leben verändern kann. Es gelingt ihm ein verblüffender Brückenschlag zwischen den Wissenschaften und Künsten.

Gunter Dueck, Jahrgang 1951, ist vielseitiger Wissenschaftler, Philosoph, Management-Guru und Dichter. Er studierte ursprünglich Mathematik und Wirtschaft und war einige Jahre Professor für Mathematik an der Universität Bielefeld, bevor er zum Wissenschaftlichen Zentrum der IBM wechselte. Bei IBM ist Gunter Dueck Cheftechnologe und Stratege.

SOUL ÆSTHETICS

Prof. Dr. Gunter Dueck:
Soul Æsthetics. Draft on Photography.
58 pages, 22 × 28 cm, with 18 pagesized duotone portraits
by Alexander Basta, October 2005.
ISBN 3-938204-05-2 €58,00

Dueck at his best. It was almost on the fly that Gunter Dueck drafted his brilliant and amazing Alpha-Alpha-Theory when visiting an exhibition of portrait photography. Why is it that the view of a human face can stir us up, more than anything else? What do we read in them? Is there some kind of alphabet of the invisible soul disclosed that we can decipher on the surface of faces? Gunter Dueck cares for essential questions of humankind like beauty and happiness. His conclusion is extraordinary and may well change our own way of living. Gunter Dueck is one in a handful of chief technologists at IBM. Reviewing portrait photography he reveals an amazing connection among various disciplines of the arts and sciences.

Gunter Dueck, born 1951, studied mathematics and economics and became a professor for mathematics at the university of Bielefeld. After his still unsurpassed research on signal theory Dueck changed to the R&D Center at IBM where he is a chief technologist and strategist.

PQM

*Prof. Dr. Jürgen Brandt: Personal Qualität Management..
Ein Leitfaden für Führungskräfte.
358 Seiten, 18 × 24 cm, mit vielen Grafiken, Tabellen,
Vorlagen und Mustertexten.
Dritte, wesentlich erweiterte aktualisierte Auflage Oktober 2005.
ISBN 3-938204-02-8   € 36,00*

Von allen Ressourcen des Unternehmens ist der Mensch und die in ihm repräsentierte Kompetenz stets am höchsten zu bewerten. Dem Erhalt oder Aufbau dieses Unternehmenskapitals kommt also eine besondere Bedeutung zu. Brandt: »Im Mittelpunkt allen unternehmerischen Handelns steht immer der Mensch. Denn jedes Unternehmensziel, jedes Betriebsergebnis wird zuerst und zuletzt von Menschen geschaffen und verantwortet.«

Jürgen Brandt (Oberst d.R.) war lange Zeit national und international im Rahmen der NATO bei Wehrübungen als Reserveoffizier in Stabs- und Führungspositionen der Bundeswehr tätig. Brandt zeichnete verantwortlich für die Einführung von Qualitäts- Management-Systemen und Standards in zahlreichen Mittelstandsunternehmen und Konzernsparten.

Lexikon der Symptome

Dr. Winfried Prost:
Lexikon der körperlichen und psychischen Symptome.
Erfahrungen aus meiner Praxis als Coach.
258 Seiten, 18 × 24 cm, August 2004.
ISBN 3-938204-03-6 € 24,90

Der Mensch ist in jedem Moment ein Spiegel seines ganzen Lebens. Erlebnisse, Erfahrungen und Haltungen prägen sein Äußeres und Inneres. Für die Behandlungspraxis kann es mitunter entscheidend sein, sich mit diesen Symptomen und ihren Wurzeln zu befassen. Historie, Familiengeschichte und eigene Biografie verweben sich oft zu Krankheitsursachen. Für dieses Buch stellte Winfried Prost über 300 Fallgeschichten aus 25 Jahren Beratungspraxis nach Symptomen geordnet zusammen.

Dr. phil. Winfried Prost, Köln, Jahrgang 1956, ist Vater von drei Söhnen. Er studierte erst an der Jesuiten-Hochschule St. Georgen in Frankfurt, dann in Bonn Philosophie, Theologie und Pädagogik. Er ist in der vierten Generation Pädagoge. Seit 1980 arbeitet er selbständig als Seminarleiter und Coach. 1996 gründete er die Akademie für Ganzheitliche Führung in Köln.

Romane und Erzählungen:

Der blaue Raum

Klaus D. Bornemann:
Der Raum war in blaues Licht getaucht.
Ein Spiegelreflex-Roman.
278 Seiten, 14 x 19 cm, Oktober 2005.
ISBN 3-938204-06-0 € 14,00

Zum 20. Jubiläum der Abiturfeier begegnet Sven seiner unerfüllten Jugendliebe Maria. Die gemeinsame Zugfahrt verheißt einen Neuanfang. Doch das Fest nimmt eine unerwartete Wendung. Alte Eitelkeiten und neue Intrigen. Wer ist der Tote im Bahnhof. Ist Leon wirklich so reich? Und wo ist die rätselhafte Diskette? Klaus Bornemann ist erfahrener Modefotograf und schreibt wie mit der Kamera. Dabei ist nicht klar, welche Schnappschüsse wahr, gestellt oder gelogen sind. Ein Spiel um Wahn und Wahrheit beginnt, daß nur der Leser lösen selbst lösen kann.

Klaus D. Bornemann, 56 und renommierter Modefotograf, arbeitet seit einigen Jahren nur noch für wenige hochkarätige Kunden, damit er sich vor allem dem Schreiben widmen kann. »Schließlich,« so Bornemann, »interessiert mich Wahrnehmung mehr als das Fotografieren selbst. Was ist wahr, was ist Bild, Vorstellung, Wahn?«

HITZESTAU

Klaus D. Bornemann:
Hitzestau. Roman.
320 Seiten, 14 × 19 cm, März 2006.
ISBN 3-938204-07-6 € 14,00

Bleierne Schwüle liegt über der Stadt seit Tagen. Thomas Lichter kann das egal sein. Er ist ein klassischer Versager und sein Wetter kommt sowieso seit Jahren schon aus der Flasche. Bei einer Hochzeitsfeier seiner entfernteren Verwandtschaft begegnet er Sonja, einer Gelegenheitskellnerin, und das Blatt scheint sich zu wenden. Doch kein erlösendes Gewitter zieht herauf. Stattdessen Intrigen, Obsessionen und—Tote! Bornemann zeigt nicht weniger als ein Sittengemälde der Republik zur Jahrtausendwende. In einer haltlosen und verlogenen Gesellschaft irren die Menschen im Stakkato durch ein Leben, das ihnen selbst entglitten ist.

Klaus D. Bornemann, 56 und renommierter Modefotograf, arbeitet nur noch für wenige hochkarätige Kunden, damit er sich vor allem dem Schreiben widmen kann. »Schließlich,« so Bornemann, »interessiert mich Wahrnehmung mehr als das Fotografieren selbst. Was ist wahr, was ist Bild, Vorstellung, Wahn?«

PARANOID

Wolfgang Ruehl: PARANOID.
Roadmovie turned Faction-Thriller
398 Seiten, 14 x 19 cm, Oktober 2005.
ISBN 3-938204-66-4   € 14,00

Es sollte eine unterhaltsame Urlaubsreise sein. Doch von einer Stadt zur nächsten geraten die beiden Kumpels tiefer in das mörderische Komplott der Waffenschieber. Franjo und Hagen, beide noch auf der Schokoladenhälfte des Lebens, buchen den Europa-Trip von Transadventure, einer Internetreiseagentur. An verschiedenen Orten gilt es Aufgaben zu lösen und das nächste Reiseziel zu entschlüsseln.
Viel zu spät erkennt Franjo, daß die Reise sie in eine Sackgasse führen soll, direkt in ein perfides Mordkomplott. Wolfgang Ruehl arbeitet als Drehbuchautor und Regisseur. In seinem ersten Roman verbindet er Enthüllungen über illegale Waffengeschäfte mit einer fiktiven Handlung. Das Spiel zum Buch basiert auf realen Orten und startet im Frühjahr 2006.

Wolfgang Ruehl, Jahrgang 1958, studierte Geschichte und Politische Wissenschaften in Heidelberg. Er arbeitet seit 20 Jahren als Drehbuchautor und Regisseur und produzierte ein Underground Musikmagazin.

Hotel

Wolfgang Ruehl: Hotel.
Faction Thriller.
14 × 19 cm, Mai 2006.
ISBN 3-938204-77-X, ca. € 14,00

Der neue Faction Thriller von Wolfgang Ruehl. Irgendwo in der nordfranzösischen Provinz, unweit der belgischen Grenze liegt das *Beau Lieux*, ein kleiner Landgasthof wie hunderte andere. Doch das *Beau Lieux*, seit Generationen in Familienhand, schätzt man wegen seiner überraschenden Gediegenheit, seiner Unauffälligkeit und vor allem wegen seiner unschätzbaren Diskretion. Der perfekte Ort für ein verschwiegenes Wochenende für Zwei oder Drei. Doch auch andere Kreise wissen den Ruf des Hauses zu schätzen, und Neugier ist eine Todsünde in diesem Hause …

»...hier auf der Schattenseite, auf der erdabgewandten Seite des modernen Europa recherchiert Ruehl für seine Faction Stories. Tag für Tag werden hier ganz unverhohlen und doch ungestraft jene Machenschaften betrieben, von deren wirklichem Ausmaß uns die jüngsten Prozeße in Frankreich und Belgien nur eine Ahnung vermitteln.«

Wolfgang Ruehl, Jahrgang 1958, arbeitet seit 20 Jahren als Drehbuchautor und Regisseur.

Ankhaba

Gunter Dueck: Ankhaba.
Aufstieg und Zerfall der Untoten und ein menschliches Ende.
378 Seiten mit elf ganzseitigen Illustrationen von Herbert Druschke,
14 × 19 cm, Oktober 2005. ISBN 3-938204-99-0 € 20,00

»...eine Parforce-Tour durch Märchen, Mythen und Magie, eine Tragödie von wahrlich antikem Ausmaß und rabenschwarzes Management des Blutes —extra vergine, kalt gepreßt! « Die skrupellose Bio-Industrie hat den menschlichen Körper als ultimative Verdienstquelle entdeckt. Body-Modding ist in! Der letzte Schrei in Clubs und Lounges aber ist der Biß zum Vampir. Plötzlich werden die Menschen knapp. Frischblut ist nun der dominierende Wirtschaftsfaktor! Der frühreife Leon steigt zum mächtigen Beherrscher eines Zuchtkonzerns auf, der die Welt mit langhälsigen Gebrauchsmenschen versorgt. Inmitten dieser Apokalypse machen sich Leons Schwester Anke und der Wissenschaftler Brain auf die Suche nach dem Ursprung allen Unglücks.

Gunter Dueck, Jahrgang 1951, ist Cheftechnologe und Stratege am Wissenschaftlichen Zentrum der IBM. Nach vielbeachteten Sachbüchern über Management und Philosophie ist Ankhaba sein erster Roman.